教育部高职高专自动化技术类专业教学指导委员会规划教材

“2010年全国职业院校技能大赛”高职赛项教学资源开发成果

国家级教学成果机电类专业“核心技术一体化”课程开发成果

The Assemblage and Debugging of Intelligent Building System

楼宇智能化系统安装与调试

主　编　吕景泉

副主编　汤晓华　徐庆继　王　晖

参　编　吴奕奇　田金颖　孟庆宜

丁才成　李玉轩　孙传庆

中国铁道出版社有限公司
CHINA RAILWAY PUBLISHING HOUSE CO., LTD.

内 容 简 介

本书是教育部高职高专自动化技术类专业教学指导委员会规划并指导编写的第三本基于工作过程导向、面向全国职业院校技能大赛、服务于高职机电和智能楼宇类职业能力培养的立体化综合实训教材，是教育部高职高专自动化技术类专业教学指导委员会指导编写的《自动化生产线安装与调试》的姊妹篇。

本套教材由彩色纸质教材、多媒体光盘和教学资源包三部分组成。纸质教材主要包括现代楼宇智能化系统简介、楼宇智能化核心技术应用、THBAES楼宇智能化子系统的安装与调试、楼宇智能化系统拓展等，同时包括了项目引导（教学设计）内容。多媒体光盘含大赛实况、楼宇智能化系统的安装调试步骤、元器件实物图片、教学课件、教学参考及设备运行过程仿真等。同时，为“教”和“学”提供了生动、直观、便捷、立体的教学资源包。

本书适合作为高职高专楼宇智能化工程技术、电气自动化技术、机电一体化技术、机电安装工程等机电类专业课程的教材，并可作为相关工程技术人员培训和自修的参考书。

图书在版编目（CIP）数据

楼宇智能化系统安装与调试：“2010年全国职业院校技能大赛”高职赛项教学资源开发成果　国家级教学成果机电类专业“核心技术一体化”课程开发成果/吕景泉主编. - 北京：中国铁道出版社，2011.7（2022.8重印）

教育部高职高专自动化技术类专业教学指导委员会规划教材

ISBN 978-7-113-13130-2

Ⅰ.①楼…　Ⅱ.①吕…　Ⅲ.①智能化建筑-自动化系统-高等职业教育-教材　Ⅳ.①TU243

中国版本图书馆CIP数据核字（2011）第110812号

书　　名：楼宇智能化系统安装与调试
作　　者：吕景泉

策划编辑：秦绪好
责任编辑：祁　云
编辑助理：卢　昕
责任印制：樊启鹏　　**封面设计：**刘　颖

出版发行：中国铁道出版社有限公司（北京市西城区右安门西街 8 号　邮政编码：100054）
印　　刷：北京柏力行彩印有限公司
版　　次：2011 年 7 月第 1 版　2022 年 8 月第 13 次印刷
开　　本：787mm×1092mm 1/16　**印张：**11.5　**字数：**262 千
印　　数：25 001 ～ 26 000 册
书　　号：ISBN 978-7-113-13130-2
定　　价：42.00 元（附赠光盘）

作者简介

吕景泉

教授，职业技术教育博士，正高级工程师，天津中德职业技术学院原副院长，现任天津市教育委员会副主任、国务院特贴专家、国家级教学名师，国家级机电专业群教学团队负责人，主持完成国家级教学成果特等奖1项，主持完成或参与完成并获国家级教学成果一等奖1项、国家级教学成果二等奖4项，获全国黄炎培职业教育理论杰出研究奖。2006—2012年教育部高职自动化类教学指导委员会主任。全国职业院校技能大赛工作委员会成果转化工作组主任委员。专注职业教育理论“中观”和“微观”研究12年，从事企业“现场”技术改造和升级服务跨度12年，专注国际和国内技能赛项研发8年。

汤晓华

天津机电职业技术学院副院长，教授；天津市有突出贡献专家，全国电力职业教育教学指导委员会委员，新能源专委会副主任，中国职教学会自动化技术类专业研究会副主任；曾在德国、日本、新加坡以及中国香港等大学访学；国家级精品课程“水电站机组自动化运行与监控”负责人；省级精品课程“可编程控制器应用技术”负责人；公开发表学术论文30篇，主编教材8部，其中《工业机械人应用技术》《风力发电技术》等5部教材立项为“十二五”职业教育国家规划教材；获国家教学成果奖3项，省市级教学成果奖4项；主要参与3项国家级、省市级教育科学规划课题，获得省级科技进步奖项2项，主持企业技改项目10余项，获专利8项；2008—2014年参与全国职业院校技能大赛裁判工作，任赛项专家组成员；2015年任全国职业院校技能大赛专家组组长。

徐庆继

徐庆继，男，汉族，天津市人，副教授、高级工程师。天津中德职业技术学院电气工程系楼宇智能化工程技术专业教研室主任。

毕业于天津理工大学工业电气自动化专业，从事电气工程系教学工作20余年。曾赴新加坡南洋理工学院、欧洲空中客车公司德国汉堡总装线进行学习和技术培训。近几年，多次作为指导教师带队参加全国高职院校技能大赛并获奖。共发表论文4篇，编写教材7本。主持及参与了国家级和省级精品课程的建设工作。2005年，参与制定了《智能楼宇管理师国家职业标准（试行）》。

主要兼职和荣誉有：

- 国家职业资格培训鉴定实验基地《智能楼宇管理师》国家职业项目编写专家
- 全国职业院校技能大赛（高职组）优秀指导教师
- 天津市省级精品课程“楼宇安防系统安装与调试”课程负责人
- 天津市级教学团队“楼宇智能化技术教学团队”成员
- 天津中德职业技术学院楼宇智能化工程技术专业学术带头人
- 天津中德职业技术学院“师德先进个人”

王　晖

王晖，山东职业学院电气工程系电气自动化专业群带头人，楼宇教研室主任，副教授，高级工程师。曾在山东百斯特电梯有限公司任技术部经理，到德国、瑞士进行电梯控制方面的技术交流，开发多项变频调速电梯及扶梯控制系统，参加《GB7588—2002电梯制造与安装安全规范》国家标准的制定。主要从事电气自动化专业、楼宇智能化专业核心课程的教学和科研工作。

主要兼职和荣誉有：

- “振兴杯”山东省青年职业技能大赛维修电工专家裁判
- 山东省职业技能鉴定中心高级维修电工考评员
- 教育部青年骨干教师
- 山东省精品课程《设备电气控制与维修》主讲教师

吴奕奇

吴奕奇，男，汉族，江苏省常州市人，工程师。常州工程职业技术学院自动化技术系楼宇智能化工程技术专业教师。

毕业于东南大学，热能与动力工程专业，多年从事楼宇智能化工程项目设计施工工作。多年从事楼宇智能化教学工作,2009年带队参加全国高职院校学生技能邀请赛并获奖。

主要兼职和荣誉有：

- 江苏台脑科技大楼楼宇自动化系统
- 常州市儿童医院BA系统
- 常州市妇幼保健医院病房大楼BA系统
- 常州宾馆BA系统
- 常州第一人民医院病房大楼智能化工程
- 江苏移动通讯常州分公司大楼智能化工程
- 太仓电厂二期除渣系统和化水控制系统
- 常州四药厂冻干车间设备自控系统

田金颖

田金颖，女，汉族，天津市人，助教。天津中德职业技术学院电气工程系楼宇智能化工程技术专业教师。

毕业于天津商业大学制冷与低温工程专业，从事电气工程系教学工作3年。进入学院后参与了精品课建设、示范校建设、实验实训室建设等多项工作。共发表论文2篇，参与编写了模块化实训教材、校本教材2本。连续两年参与了省级精品课程的建设工作。

主要兼职和荣誉有：

- 天津市级教学团队“楼宇智能化技术教学团队”成员
- 天津市省级精品课程“楼宇安防系统安装与调试”主要完成人
- 天津市教指委精品课程“楼宇智能化系统安装与调试”主要完成人

孟庆宜

孟庆宜，女，汉族，天津市人，讲师。天津中德职业技术学院电气工程系楼宇智能化工程技术专业教师。

毕业于河北工业大学测控技术与仪器专业，从事电气工程系教学工作3年。进入学院后参与了精品课建设、示范校建设、实验实训室建设等多项工作。共发表论文2篇，参与编写了模块化实训教材、立体化教材2本。连续3年参与了省级精品课程的建设工作。2010年作为指导教师带队参加全国职业院校技能大赛并获奖。

主要兼职和荣誉有：

- 全国职业院校技能大赛（高职组）优秀指导教师
- 天津市级教学团队“楼宇智能化技术教学团队”成员
- 天津市省级精品课程“变频调速技术”主要完成人
- 天津市省级精品课程“楼宇安防系统安装与调试”主要完成人
- 天津市教指委精品课程“楼宇智能化系统安装与调试”主要完成人

李玉轩

李玉轩，男，汉族，天津城市职业学院机电与信息工程系教师。本科毕业于中原工学院，自动化专业。现攻读天津工业大学控制工程专业硕士学位。曾赴天津普林电路股份有限公司、浙江天煌科技实业有限公司进行学习和技术培训。

主要兼职和荣誉有：

- 2009年作为指导教师带队参加天津市高职院校技能大赛分获一、三等奖
- 2009年编写专业科普类书籍2本
- 2009年参与天津城市职业学院市级精品课程建设与申报工作
- 2010年参与天津城市职业学院楼宇智能化工程技术专业建设与申报工作
- 2010年天津城市职业学院“优秀共产党员”

孙传庆

孙传庆，常州信息职业技术学院电子与电气工程学院教师，高级工程师，主要从事电气自动化专业、自动化设备专业、楼宇智能化专业核心课程的教学和科研工作。于2010年去澳大利亚中央技术学院进修，系统学习澳洲职业教育课程体系。主持多项课题开发和技术研究，有着丰富的实践经验。多次带领学生参加全国各项比赛，并取得较好成绩。曾任正茂集团镇江锚链厂总工程师助理，上海船舶工业总公司高级职称评审委员会委员，多项课题获中国船舶工业总公司科技进步奖。

主要兼职和荣誉有：

- 镇江市有突出贡献中青年专家
- 常州信息职业技术学院优秀教育工作者
- 国家精品课程《PLC应用技术》主讲教师

丁才成

丁才成，男，江苏省常州市人，硕士，讲师，常州工程职业技术学院自动化技术系教师。

毕业于南京工业大学建筑智能化与楼宇自动化工程专业，从事建筑智能化与楼宇自动化一线教学工作，主要讲授“建筑设备控制技术”、“楼宇安防技术”、“建筑给排水及消防技术”等10多门课程。积极从事教学及对外技术服务工作，主编《电梯控制技术》实训教材1本，参编《可编程控制器及应用》教材1本。完成工程技术服务3项。

主要兼职与社会荣誉有：

- 常州瑞安建设工程有限公司　机电工程师

教育部高职高专自动化技术类专业教学指导委员会规划教材

编审委员会

FOREWORD 前言

本书是教育部高职高专自动化技术类专业教学指导委员会规划并指导编写的第三本基于工作过程导向、面向全国职业院校技能大赛、服务于高职机电和智能楼宇类职业能力培养的立体化综合实训教材。

按照《国务院关于大力发展职业教育的决定》关于要“定期开展全国性的职业技能竞赛活动”的要求，2008 年、2009 年、2010 年教育部和天津市人民政府、人力资源和社会保障部、住房和城乡建设部、交通运输部、农业部、国务院扶贫办、中华全国总工会、共青团中央和中华职业教育社等部门在天津市连续举办了三届全国职业院校技能大赛。通过大赛活动形成了“普通教育有高考，职业教育有技能大赛”的局面。它是我国教育工作的一项重大制度设计和创新，也是新时期职业教育改革与发展的重要推进器。

2010 年全国职业院校技能大赛高职组“楼宇智能化系统安装与调试”赛项的成功举办，检验了高职学生的团队协作能力、计划组织能力、智能楼宇安装与调试能力、工程实施能力、职业素养、交流沟通能力、效率、成本和安全意识，推动了工学结合人才培养模式改革与创新，促进了高职教育实训基地建设、课程建设和教学团队建设。

编写背景

本书是教育部高职高专自动化技术类教学指导委员会指导编写的《自动化生产线安装与调试》的姊妹篇，是教育部高职高专自动化技术类专业教学指导委员会组建的课程建设团队又一次坚持，坚持技能大赛引导高职教育教学改革方向，坚持技能大赛引领高职专业和课程建设、坚持发挥技能大赛更大的示范辐射作用。

2009 年，教育部高职高专自动化技术类专业教学指导委员会成功主办了全国职业院校学生技能邀请赛“楼宇智能化系统安装与调试”赛项。在该赛项技术策划和竞赛负责人吕景泉教授牵头指导下，赛项技术执裁人员、院校骨干教师、行业企业技术人员组成教学资源开发团队，通过广泛调研、深度交流，结合现状，在教育部高职高专建筑类教学指导委员会的支持和指导下，进一步完善和提升了综合实训装置，实施了以两次全国性技能大赛指定实训设备 THBAES 楼宇智能化工程实训装置为载体，围绕工作任务整体设计并实施了“四位一体”的教学资源开发。

2010 年 8 月以来，团队成员经过近 10 个月的奋战，校企人员共同协作，参照行业企业标准和工艺要求，较好地完成了框架策划、现场交流、应用测试、文案编撰、资源制作、资料整合等任务。继《自动化生产线安装与调试》开启高职院校特色教材、立体化教材、围绕工作任务整体教学资源出版的新气象之后，又一套服务机电类专业综合实训项目的课程资源诞生了。该项工作落实了教育部领导指示的：全国技能大赛赛项要做到“四好”，即“赛项策划好”、“组织实施好”、“成果推广好”和“赛项完善好”。技能大赛赛项开展的最终目标是推进教育教学改革，引领高职专业建设和课程改革方向，提高内涵建设水平。

教材特点

将智能楼宇安装与调试的工作工程，分解为若干个工作任务进行了循序渐进的讲述。编写紧扣“准确性、实用性、先进性、可读性”原则。通过诙谐的语言、精美的图片、卡通人物、实况录像及过程仿真等的综合运用，将学习、工作融于轻松愉悦的环境中，力求达到提高学生学习兴趣和效率以及易学、易懂、易上手的目的。

教材通篇贯穿了两项国家级教学成果奖的推广应用，将行动导向教学、专业核心技术一体化模式进行了大胆的尝试性运用。

基本内容

本套教材（教学资源）由彩色纸质教材、多媒体光盘和教学资源包（www.gzhgzh.net）三部分组成。纸质教材共由五篇组成：第零篇为项目引导（教学设计）；第一篇为项目开篇，主要针对大赛情况及典型楼宇智能化系统进行了介绍；第二篇为项目备战，主要针对典型楼宇智能化系统装调应具备的“知识点、技术点、技能点”进行了综合讲解；第三篇为项目实战，主要内容是以典型楼宇智能化系统为载体，针对其五个系统的安装与调试工作过程进行了讲述；第四篇为项目展望，主要介绍楼宇智能化系统的其他一些系统、发展趋势及先进技术的运用。多媒体光盘含大赛实况、楼宇智能化系统的安装调试步骤、元器件实物图片、教学课件、教学参考及设备运行过程仿真等。同时，为“教”和“学”提供了生动、直观、便捷、立体的教学资源包。

本书具体编写分工如下：吕景泉教授、汤晓华副教授共同负责撰写项目引导、项目开篇、项目拓展三部分；吴奕奇老师负责撰写项目备战部分的任务一、二、三、四，孟庆宜老师负责撰写项目备战部分的任务五；田金颖老师负责撰写项目备战部分的任务六，徐庆继副教授负责撰写项目实战部分的任务一；李玉轩老师负责撰写项目实战部分的任务二，孙传庆副教授负责撰写项目实战部分的任务三；丁成才老师负责撰写项目实战部分的任务四，王晖高级工程师负责撰写项目实战部分的任务五；牛云陞副教授、于海祥副教授、崔富义高级工程师和李文教授为本书编写和教学资源建设提供了各种资料和指导，编制了部分任务书和程序清单；崔富义高级工程师带领相关人员结合现场设备进行了程序调试和基础文案的编制工作。全书由吕景泉教授策划、系统指导并与汤晓华副教授共同统稿。

在本教材编写和资源制作过程中，得到了中国铁道出版社、天煌教仪和天津中德职业技术学院、武汉电力职业技术学院、常州工程职业技术学院、济南铁道职业技术学院、常州信息职业技术学院、天津城市职业学院等单位领导的大力支持，在此表示衷心的感谢！同时也要感谢天津中德职业技术学院陈宽主任、姚吉主任、李文主任，天津城市职业学院崔凤梅处长及相关工程技术人员！

由于受编者的经验、水平以及时间所限，书中难免在内容和文字上存在不足和缺陷，敬请批评指正。

编　者

2011 年 5 月

CONTENTS 目录

第零篇 项目引导——教学设计

第一篇 项目开篇——现代楼宇智能化系统简介

第二篇 项目备战——楼宇智能化核心技术应用

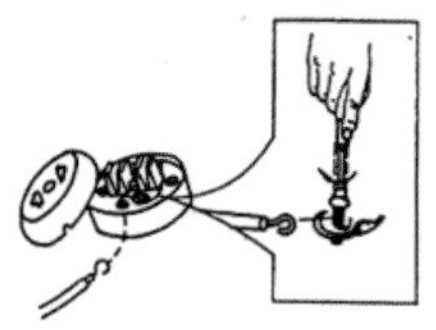

第三篇　项目实战——THBAES 楼宇智能化子系统的安装与调试

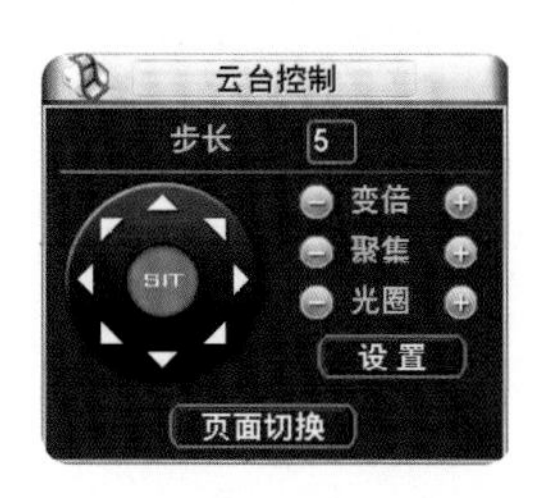

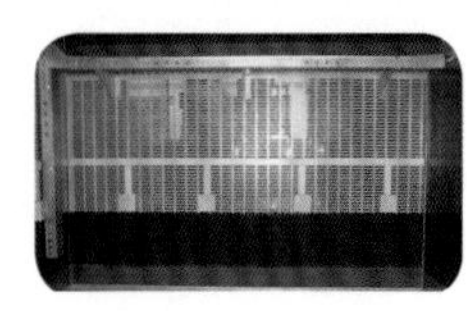

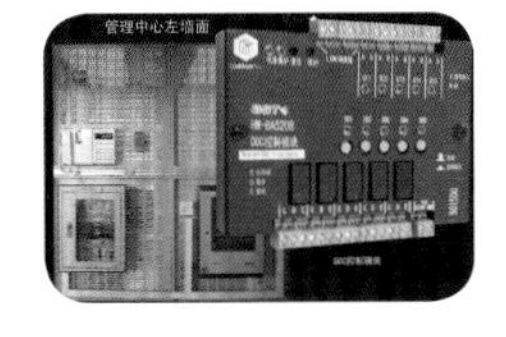

第四篇　项目展望——楼宇智能化系统拓展

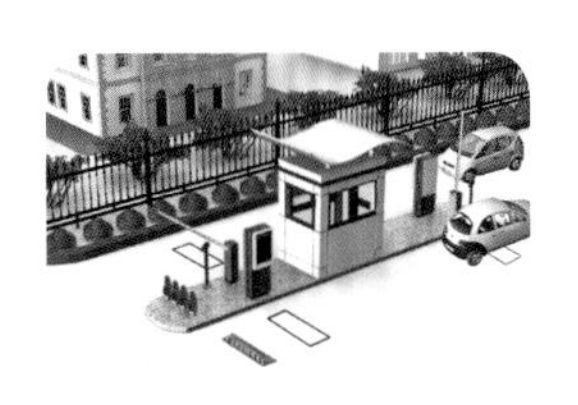

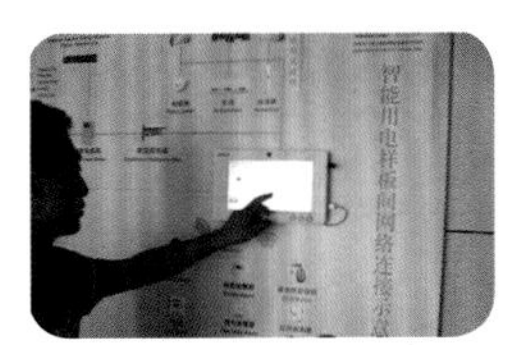

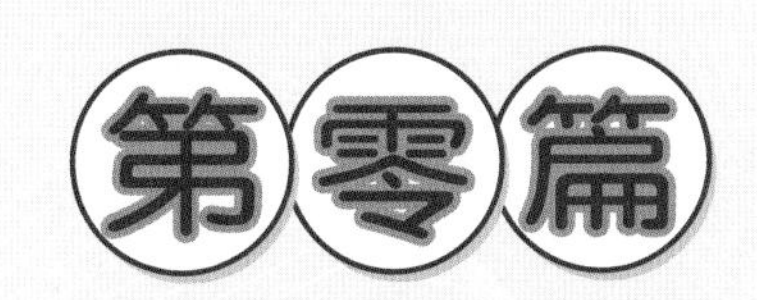

第零篇 项目引导——教学设计

综合实训教学是对高职学生前续理论与实践课程所学知识、技能的综合应用，完成“收口子”的作用，是学生上岗、顶岗之前的“综合训练”。楼宇智能化系统安装与调试综合实训是对楼宇智能化工程技术、楼宇自动化技术、电气自动化技术、机电一体化技术、机电安装工程等专业学生走向工作岗位前的综合训练与检验，保证学生在走入企业时能够胜任岗位要求，获得可持续发展能力。

一、指导思想

将专业核心技术一体化建设模式引申到课程设计和教学实施，围绕课程核心知识点和技能点，创设专业核心技术四个一体化（见图0-1），适应行动导向教学需求，提升学生岗位综合适应能力，培养“短过渡期”或“无过渡期”高技能人才。

该课题获2009年国家教学成果二等奖

专业核心技术一体化：针对专业培养目标明确若干个核心技术或技能，根据核心技术技能整体规划专业课程体系，明确每门课程的核心知识点和技能点（核心知技点），形成基于工作过程导向的教学情境（模块），实施理论与实验、实训、实习、顶岗锻炼、就业相一致，以课堂与实验（实训）室、实习车间、生产车间四点为交叉网络的一体化教学方式，强调专业理论与实践教学的相互平行、融合交叉，纵向上前后衔接、横向上相互沟通，使整体教学过程围绕核心技术技能展开，强化课程体系和教学内容为核心技术技能服务，使该类专业的高职毕业生能真正掌握就业本领，培养“短过渡期”或“无过渡期”高素质高技能人才。

——摘自吕景泉教授关于《高职机电类专业“核心技术一体化”建设模式研究与实践》

行动导向教学：从传授专业知识和技能出发，全面增强学生的综合职业能力，使学生在从事职业

该课题获2005年国家教学成果二等奖

活动时，能系统地考虑问题，了解完成工作的意义，明确工作步骤和时间安排，具备独立计划、实施、检查能力；以对社会负责为前提，能有效地与他人合作和交往；工作积极主动、仔细认真、具有较强的责任心和质量意识；在专业技术领域具备可持续发展能力，以适应未来的需要。

——摘自吕景泉教授关于《行为引导教学法在高职实践教学中的应用与研究》

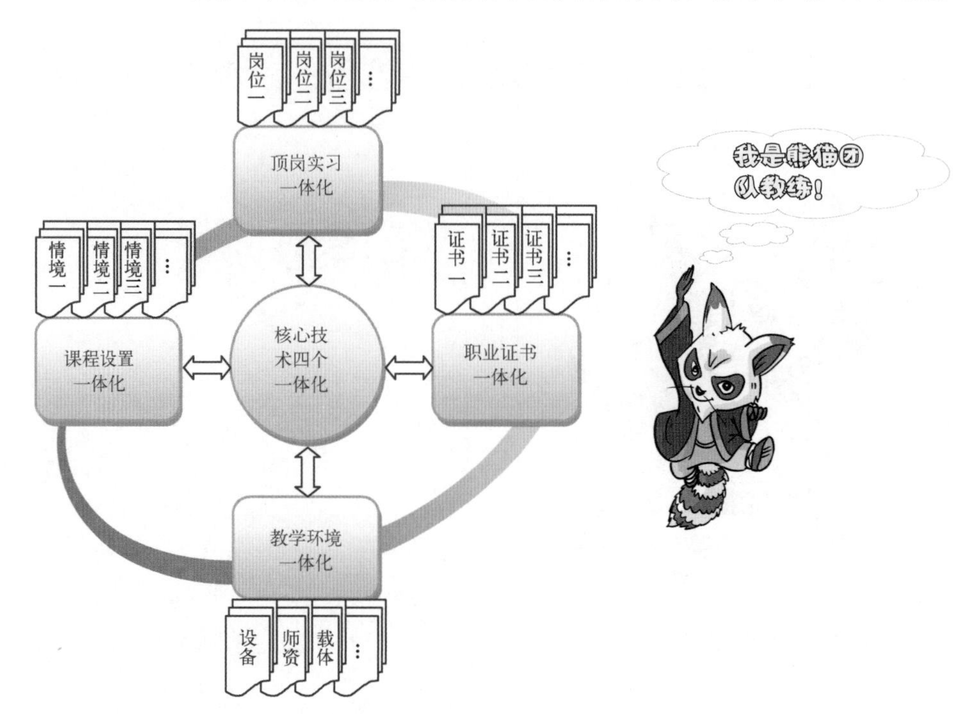

图 0-1 专业核心技术四个一体化示意图

二、教学设计

基本要求：应具备楼宇智能化实训装备，具有典型的楼宇智能化系统的几个基本子系统：对讲门禁、安防、视频监控、消防、综合布线和DDC，各子系统包含了楼宇智能化工程技术专业和机电类专业的核心技术，实训条件能体现“核心技术一体化”的设计理念，为实践行动导向教学模式搭建平台。施工工艺规范符合行业企业标准。

师资要求：具有楼宇智能化工程技术和电气自动化技术专业的综合知识，熟悉楼宇智能化技术，有较强的教学及项目开发能力。

教学载体：以THBAES楼宇智能化工程实训系统为训练平台为例，其六个系统能实现核心技术一体化课程建设思路（见图0-2），六个子系统既可单独实训，也可整体联调；实训装置上的所有器件真实，包含了计算机技术、网络通信技术、综合布线技术、DDC（直接数字控制）技术等，实训项目任务综合涵盖了楼宇和电气自动化专业核心知技点，可综合训练考评学生核心技术掌握情况及综合应用能力，对培养学生技术创新能力有很好的作用。

训练模式：3-6人一组分工协作，完成楼宇智能化工程系统中可视对讲门禁及室内安防、闭路电视监控及周边防范、消防报警联动、综合布线和DDC监控及照明控制五个系统的安装、调试等工作如图0-3所示。

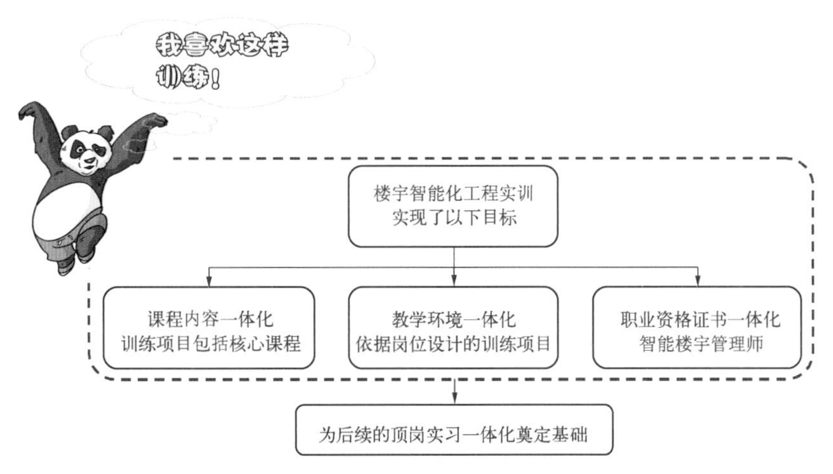

图 0-2　楼宇智能化工程实训系统与核心技术关系示意图

该综合实训设备各子系统既可独立运行，也可实现联动。通过此系统进行项目训练，检验学生的团队协作能力、计划组织能力、楼宇设备安装与调试能力、工程实施能力、职业素养和交流沟通能力。各院校专业教学可根据要求的不同进行有机选择训练项目，在实训过程应注意按国家、行业标准进行，按工艺规范进行操作。

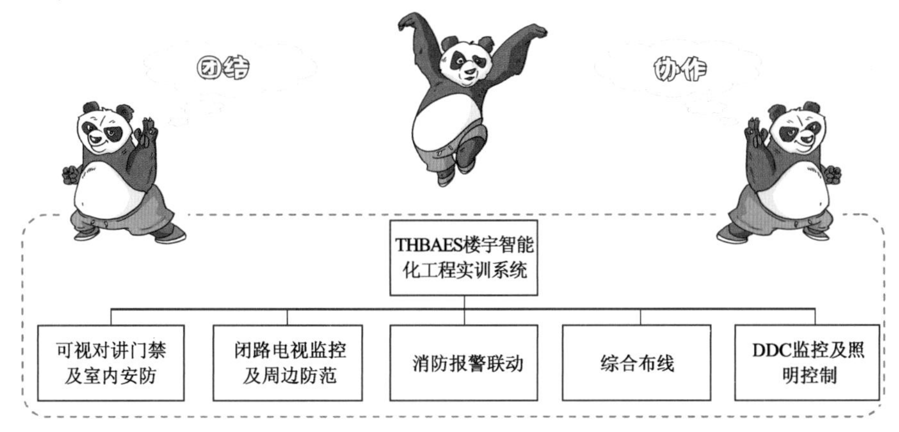

图 0-3　生产线功能示意图

训练内容：项目任务融合了楼宇智能化工程技术和机电类专业的核心技术，主要包括了计算机技术、网络通信技术、综合布线技术、DDC 技术等，强化了楼宇智能化系统的设计、安装、布线、接线、编程、调试、运行、维护等工程能力。

获取证书：训练内容包含了国家劳动和社会保障部颁发的职业资格证书“智能楼宇管理师”等的标准要求。

组织大赛：依托全国性的高职技能大赛，营造“普通教育有高考，职业教育有技能大赛”的局面，通过楼宇智能化系统安装与调试大赛，促进高职各院校楼宇自动化技术、电气自动化类专业学生能力水平。

小　结

现代化的楼宇智能化系统的最大特点是它的综合性，在这里，机械技术、电工电子技术、计算机技术、网络通信技术、综合布线技术、DDC 编程技术等多种技术有机地结合，并综合应用。

项目开篇——现代楼宇智能化系统简介

“城市，让生活更美好！”，智能楼宇让城市生活更美好，楼宇智能化系统是智能建筑的重要组成部分，它关系到智能建筑的智能化程度及水平。2009 年 3 月，教育部高职高专自动化技术类专业教学指导委员会主办的全国高职院校学生技能邀请赛“楼宇智能化系统安装与调试”赛项在天津成功举行；2010 年 6 月，由教教育部和天津市人民政府、人力资源和社会保障部、住房和城乡建设部、交通运输部、农业部、国务院扶贫办、中华全国总工会、共青团中央和中华职业教育社等 10 余个部委办组织的全国职业院校“楼宇智能化系统安装与调试”大赛在天津举行。这两次赛事是对高职学生楼宇智能化系统的设计、安装、编程、调试、维护等工程能力及团队协作能力、职业素养的一次综合检验。大赛开幕式及比赛现场图如图 1-1-1、图 1-1-2 所示。

图 1-1-1　2010 年全国“楼宇智能化系统安装与调试”大赛开幕式

图 1-1-2　比赛现场

任务一 了解楼宇智能化系统及其应用

任务目标

1. 能描述智能楼宇的概念；
2. 能说出楼宇智能化系统的组成。

1984 年美国联合科技的 UTBS 公司在康涅狄格州哈伏特市将一座金融大厦进行改造并取名 City Place（都市大厦），主要是增添了计算机设备、数据通信线路、程控交换机等，使住户可以得到通信、文字处理、电子函件、情报资料检索、行情查询等服务。同时，对大楼的所有空调、给排水、供配电设备、防火、安保设备由计算机进行控制，实现综合自动化、信息化，使大楼的用户获得了经济舒适、高效安全的环境，使大厦功能发生质的飞跃，从而诞生了世界上第一座智能化楼宇。自此以后，世界上楼宇智能化建设走上了高速发展轨道。

图 1-1-3 世博会中国馆

中国馆的馆顶、外墙装有太阳能电池，运用冰蓄冷技术，整个场馆比国家规范节能 10%。

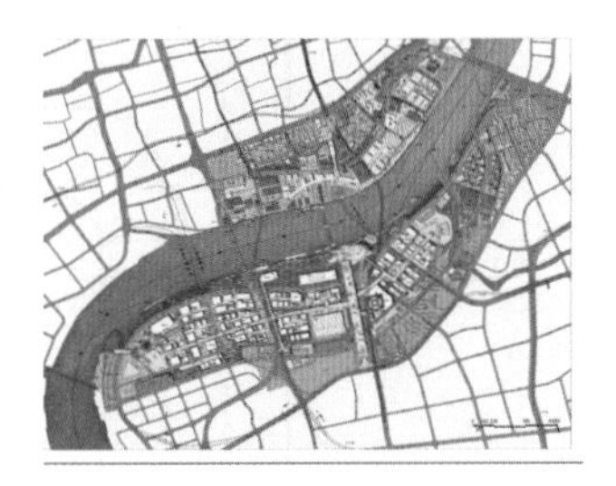

图 1-1-4 绿色世博

上海世博园这个“万花筒”里的“绿色智慧”，集成应用了“节能减排、资源回用、环境宜居、智能高效”四大领域技术，生动诠释了绿色城市的模板。

21 世纪的住宅、居家新思潮——节能、环保、绿色、智能，在 2010 年上海世博会得到充分展示。各国场馆展示了大量城市家居生活的新理念、新技术、新产品、新工艺，尤其是节能、低碳、绿色、智能等技术成为亮点。众多场馆集中应用国际先进的太阳能、LED 照明、冰蓄冷、地源热泵、屋面雨水收集利用、江水源循环冷却降温、气动垃圾回收、绿地节水灌溉和可再生材料使用等多项节能技术和手段，展示了未来低碳、绿色智能城市建筑的前景和成功范例。

什么样的建筑才算是智能化楼宇？

日本电机工业协会楼宇智能化分会把智能化楼宇定义为：综合计算机、信息通信等方面的最先进技术，使建筑物内的电力、空调、照明、防灾、防盗、运输设备等协调工作，实现建筑物自动化（BA）、通信自动化（CA）、办公自动化（OA）、安全保卫自动化（SA）和消防自动化（FA），将这五种功能结合起来的建筑，外加结构化综合布线系统（SCS），结构化综合网络系统（SNS），智能楼宇综合信息管理自动化系统（MAS）组成，就是智能化楼宇。智能建筑体系参考模型如图 1-1-5 所示。

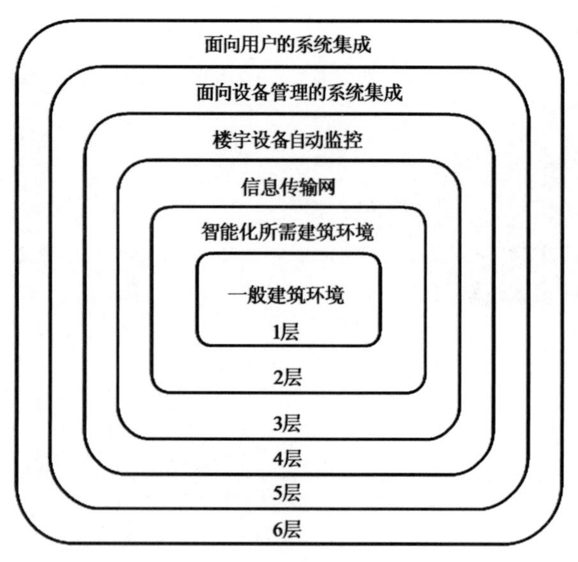

图 1-1-5　智能建筑体系参考模型

1、2 层属于建筑技术范畴，实现“建筑基本功能”，3~6 层属于信息、控制、人工智能等技术范畴，习惯上统称为“建筑智能化”部分，其中 2~5 层与“设备自动化功能”关联，5、6 层与“服务智能化功能”关联。

通过一个例子来看看吧！

图 1-1-6 是某智能大厦的系统结构示意图，包含了智能电梯系统、智能照明控制系统、智能给排水自控系统、智能中央空调系统、智能供配电系统、智能卡管理系统、智能安防监控报警系统、消防自动化系统、综合布线系统、计算机网络系统等。

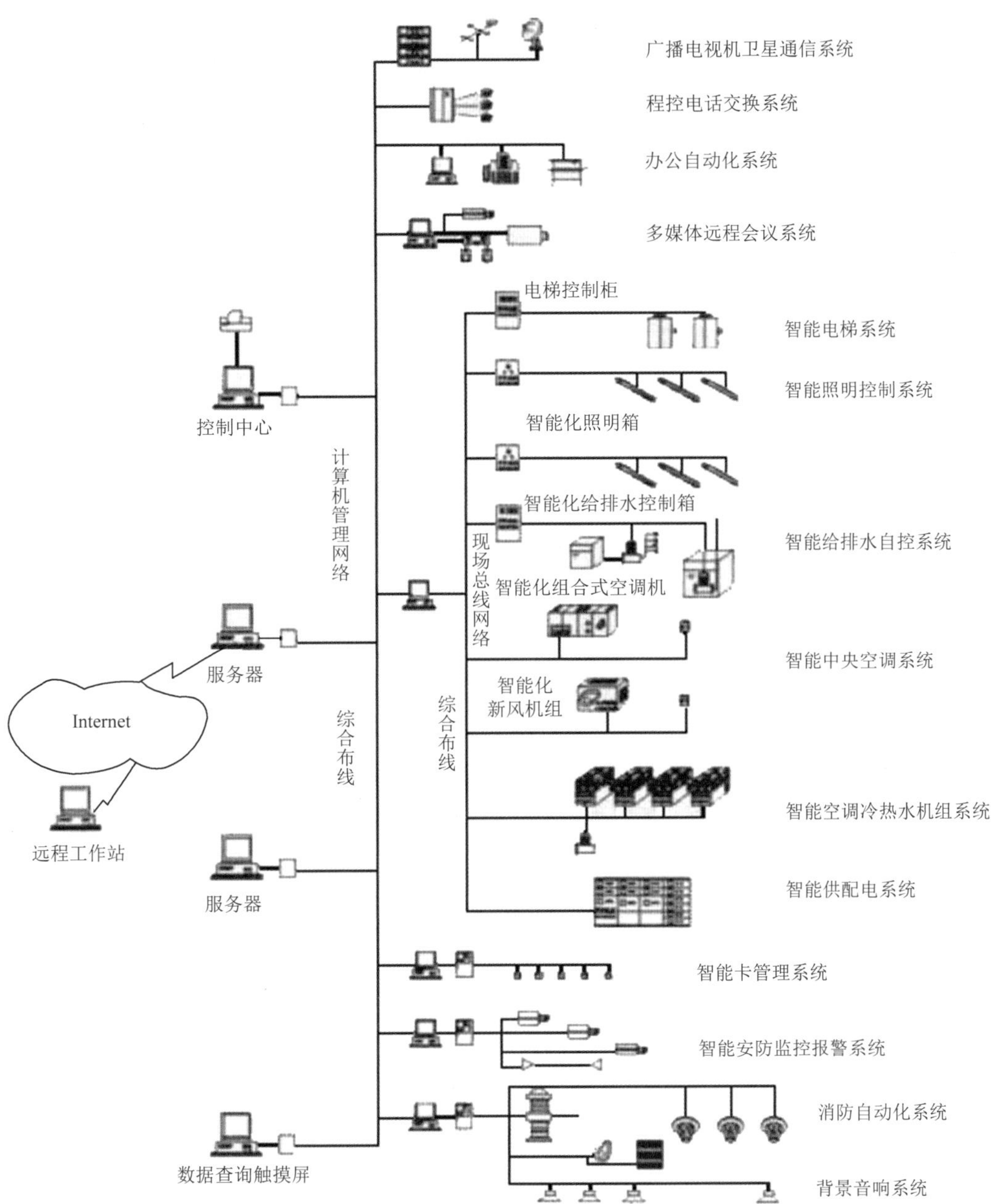

图 1-1-6　某智能大厦的系统结构示意图

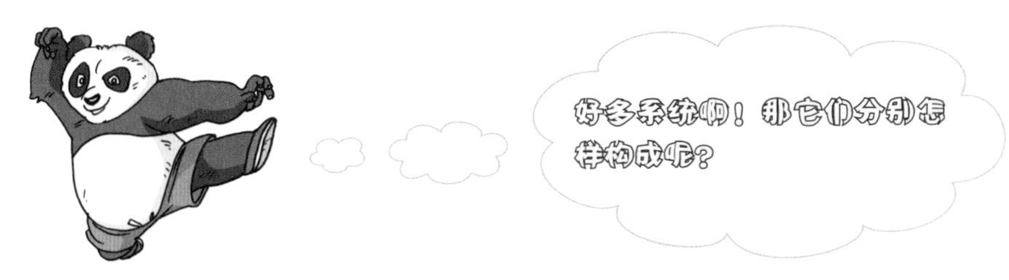

看看两个智能化系统吧！图 1-1-7 是某智能消防系统示意图，图 1-1-8 是某视频监控系统结构图。

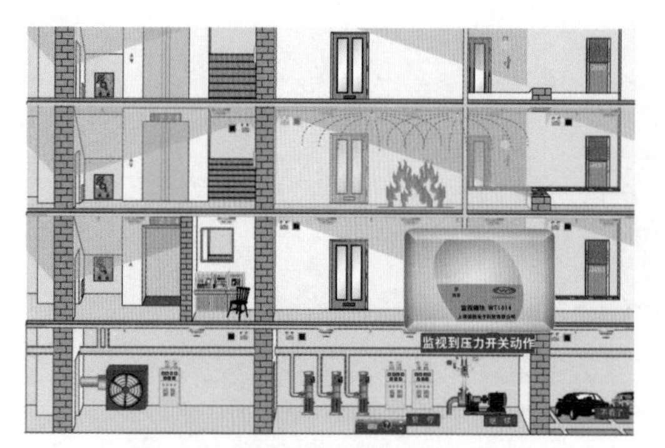

图 1-1-7　智能消防系统示意图

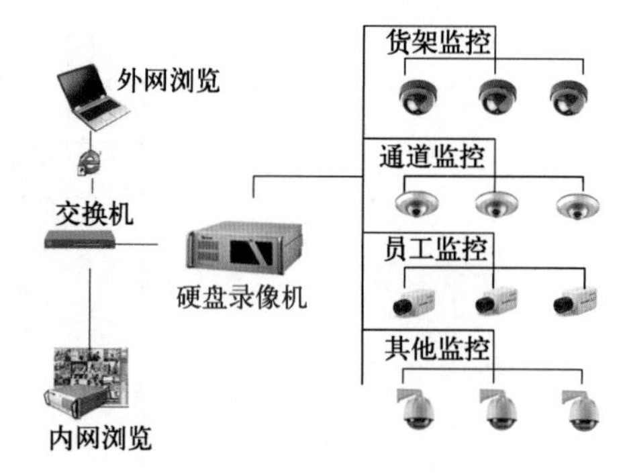

图 1-1-8　视频监控系统结构图

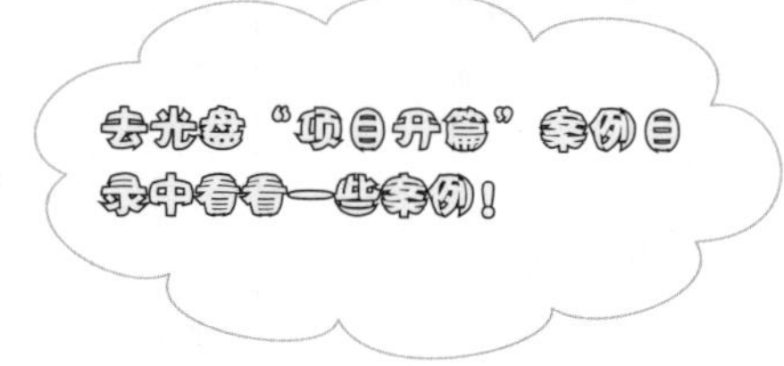

楼宇智能化系统是计算机技术、网络通信技术、综合布线技术、DDC 技术等自动化技术的综合应用，其包含子系统及功能如表 1-1-1 所示。

表 1-1-1　楼宇智能化系统包含的子系统及功能

子 系 统	功　　能
楼宇自动化系统(BAS)	楼宇自动化系统负责完成楼宇中的空调制冷系统、供配电系统、照明系统、供热系统及电梯等的自动监控管理。楼宇自动化系统由计算机对各子系统进行监测、控制、记录，实现分散节能控制和集中科学管理，其核心为 DDC 控制技术
火灾报警消防系统（FAS）	当某区域出火灾时，该区域的火灾探测器探测到火灾信号，输入到区域报警控制器，再由区域报警控制器送到消防控制中心，在报警的同时，紧急广播发出火灾报警广播，照明和避难引导灯亮，引导人员疏散。还可起动防火门、防火阀、排烟门、卷闸、排烟风机等进行隔离和排烟。同时打开自动喷洒装置、气体或液体灭火器进行自动灭火
大楼信息管理自动化系统(MAS)	这是对各个系统集成后的集中监控管理，掌握的原则是权限集中、界面友好、灵敏度高、反应快速、功能齐全
通信自动化系统(CAS)	通信自动化系统是智能楼宇的"中枢神经"，它集成了电话、计算机、监控报警、闭路电视监视、网络管理等系统的综合信息网。智能楼宇通信自动化系统的主要内容是：综合 BAS、CAS、OAS、MAS、FAS 的通信需要，统一考虑通信网络的设计与施工
综合布线系统(PDS)	结构化综合布线是将楼宇中办公自动化、通信自动化、楼宇管理自动化综合成一个结构统一、材料相同、统一管理的完整体系。它利用高品质的双绞线取代传统的同轴电缆和专用线缆，解决了数据高速传输等难题，降低线间串扰和电磁辐射干扰
视频监控与安全防范系统（SAS）	为了加强安全防范工作，确保人员和大楼的财产安全，视频监控安防系统包含了如下系统：闭路电视监控系统、出入口控制（门禁）系统、巡更系统、防盗报警系统

另外还包括办公自动化系统、停车场管理系统、入侵报警系统、卫星电视及有线电视系统、公共广播及紧急广播系统等。

楼宇智能化行业近年来在世界范围内蓬勃发展，社会对该行业专业人才的需求日益旺盛，楼宇工程技术人员主要从事智能楼宇设计、安装、编程调试和运行维护等工作，同时还承担着产品的售后服务工作，是企业与用户之间的纽带与桥梁。

智能楼宇管理师是2004年3月国家公布的第三批新职业资格之一，目前，各地方的智能楼宇职业培训与鉴定基地初步建成，如何来训练智能楼宇系统的各项技术呢？

 任务二 认知THBAES楼宇智能化工程实训装置

任务目标

1. 能描述THBAES楼宇智能化工程实训装置的结构；
2. 能介绍THBAES系统的技术特点。

1. THBAES系统的结构

THBAES系统是为职业院校、职业教育培训机构研制的楼宇智能化技术实训考核设备，根据智能建筑行业楼宇智能化的特点，在接近工程现场的基础上，针对实训教学进行了专门设计，包含计算机技术、网络通信技术、综合布线技术、DDC技术等，强化了楼宇智能化系统的设计、安装、布线、接线、编程、调试、运行、维护等工程能力。它适合楼宇智能化工程技术、机电安装工程、电气自动化技术等机电类相关专业的教学和培训。

该系统在结构上以智能建筑模型为基础，包含了智能大楼、智能小区、管理中心和楼道等典型结构，涵盖了对讲门禁、安防、视频监控、消防、综合布线和DDC监控照明六个系统，各系统既可独立运行，也可实现联动。在此系统上进行项目训练，培养学生的团队协作能力、计划组织能力、楼宇设备安装与调试能力、工程实施能力、职业素养和交流沟通能力等。2010年全国职业院校技能大赛高职组“楼宇智能化系统安装与调试”赛项采用的就是“THBAES型楼宇智能化工程实训系统”，其外观如图1-2-1所示。

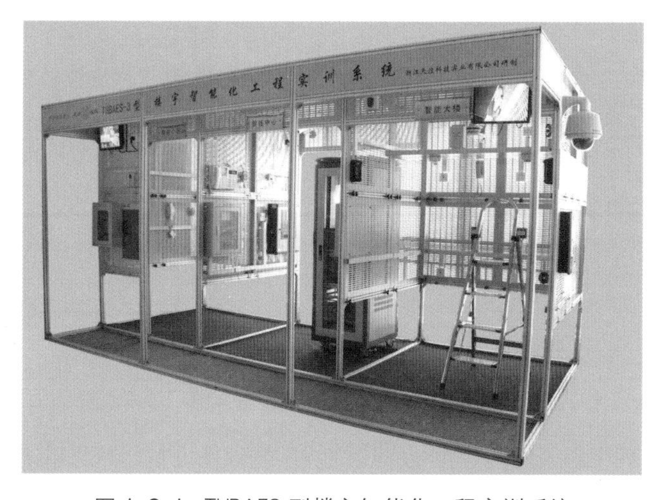

图1-2-1 THBAES型楼宇智能化工程实训系统

楼宇智能化工程实训系统采用智能建筑模型，包含智能大楼、智能小区、管理中心和楼道等功能区域，如图 1-2-2 所示。系统设有总电源箱、安防控制箱、消防控制箱、DDC 控制箱。智能大楼设计为两层结构，可实现消防、视频监控和综合布线系统的工程训练。

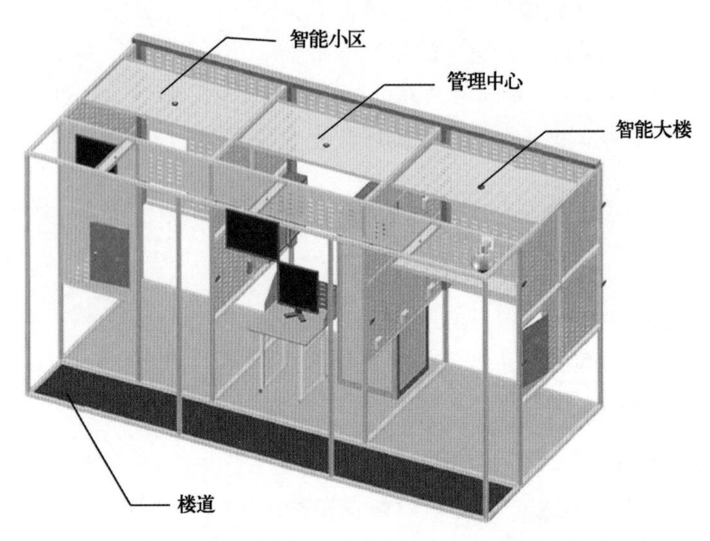

图 1-2-2　楼宇智能化工程实训系统的智能建筑模型图

楼道和智能小区分别设有单元门和单户门，实现单元和单户可视对讲功能，可实现智能小区对讲门禁系统的设备安装等工程训练。智能小区单元门禁对讲图如图 1-2-3 所示。

管理中心实现智能小区和智能大楼的集中监控和管理，包含了管理中心机、视频监控台和消防控制主机等各功能区域的管理设备。楼宇智能化工程实训系统的管理中心如图 1-2-4 所示。

图 1-2-3　楼宇智能化工程实训系统的对讲门禁系统

图 1-2-4　楼宇智能化工程实训系统的管理中心

在智能大楼、管理中心区域内，安装布置消防系统现场设备，消防系统配置有模拟消防泵、排烟风机、防火卷帘门。楼宇智能化工程实训系统的消防设备如图 1-2-5 所示。

在智能大楼、管理中心和楼道各区域内，安装典型监控器材（各类型的高速球云台摄像机、一体化枪形摄像机、万向云台摄像机等），实现主要出入口和关键区域视频监控。楼宇智能化工程实训系统的视频监控设备如图 1-2-6 所示。

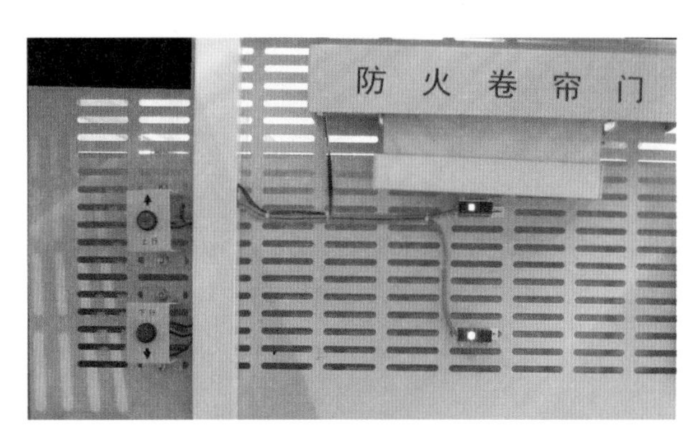

图 1-2-5　楼宇智能化工程实训系统的消防设备

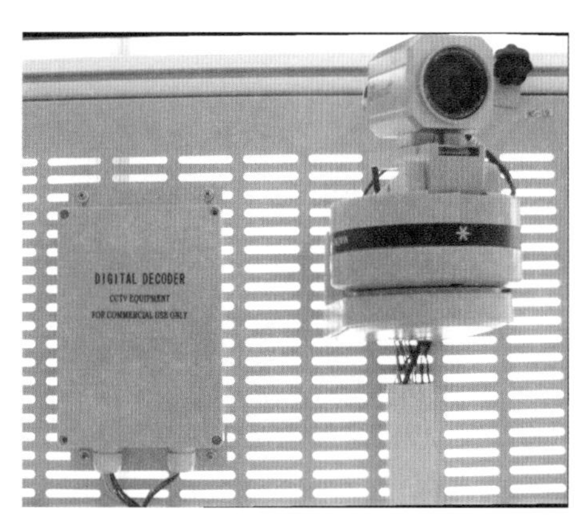

图 1-2-6　楼宇智能化工程实训系统的视频监控设备

在智能建筑模型周围安装红外对射，智能小区内的房间窗户装有幕帘探测器实现智能建筑的典型周界防范。各功能区域之间采用工程桥架实现系统连接。

2．THBAES系统的技术特点

THBAES 楼宇智能化工程实训系统涵盖了对讲门禁、室内安防、闭路电视监控及周边防范、消防报警联动、综合布线和 DDC 监控及照明控制六个系统，具有多角度考核训练的特点。

整个装置的供电特性如下（总电源箱外观见图 1-2-7）：

① 输入电源：单相三线 AC 200×(1±10%)V、50Hz；

② 工作环境：温度 -10～+40℃、相对湿度≤85%（25℃）、海拔高度≤4 000m；

③ 装置容量：≤1kV·A；

④ 外形尺寸：4.66m×2.22m×2.3m。

⑤ 安全保护：具有漏电压、漏电流保护，安全指标符合国家标准。

图 1-2-7　总电源箱图

整个装置能进行实训任务如下：

① 对讲门禁及室内安防系统实训；

② 闭路视频监控及周边防范系统实训；

③ 消防系统实训；

④ 综合布线系统实训；

⑤ DDC 控制系统实训。

THBAES 楼宇智能化工程实训系统可按系统分解出若干项目任务，通过学习与训练，能充分锻炼高职学生的团队协作能力、计划组织能力、楼宇设备安装与调试能力、工程实施能力、

培养他们的职业素养、交流沟通能力、效率、成本和安全意识，引导职业院校楼宇智能化类专业教学改革的方向，促进工学结合人才培养模式改革与创新。

在实训装置上还可以考证呢！

具体来讲，可培养学生工程实践能力如下：

① 智能建筑的结构设计能力；
② 楼宇智能化工程设计能力；
③ 消防报警系统设计、安装施工与调试能力；
④ 安防监控系统设计、安装与调试能力；
⑤ 对讲门禁系统设计、安装与调试能力；
⑥ 综合布线系统施工能力；
⑦ 智能建筑系统故障诊断与调试能力；
⑧ DDC 的接线、编程和调试能力；
⑨ 监控软件组态、通信和运行能力。

智能楼宇管理师的主要工作内容：
① 管理与维护楼宇布线；
② 监控、使用、维护建筑设备；
③ 管理通信和网络系统；
④ 使用与改进智能建筑管理系统；
⑤ 管理火灾报警与安全防范系统。

小　结

智能楼宇是现代建筑技术、信息技术、自动化技术、电子技术等诸多方面相结合的产物，起源于 20 世纪 80 年代，90 年代初逐渐被人们所认同，进入到 21 世纪的信息时代，人们从信息资源的角度，重新审视了智能楼宇的需求，提出了楼宇“绿色、生态、可持续发展”的概念，楼宇才真正进入了智能化发展阶段。智能楼宇对发展现代经济和提高人居环境质量起着巨大的作用，体现在四个方面：更安全、更舒适、更高效、更便利。

楼宇智能化技术是指为了建设智能楼宇而所涉及的各种工程应用技术。目前楼宇智能化已扩展到各类楼宇，如智能家居、智能住宅小区、智能校园、智能医院、智能体育场馆、智能会议中心、智能办公大厦、智能博物馆等。

楼宇智能化技术的发展目标是开创新一代的生活方式，绿色城市是绿色智能建筑发展的必然趋势。

请你说一说！

1．什么是智能楼宇？它有哪些功能特征？如何理解智能楼宇定义的发展内涵？
2．如何理解绿色智能楼宇的内涵？楼宇智能化技术的发展趋势如何？
3．简述你对未来绿色城市的发展构想。
4．上海世博会涉及哪些楼宇智能化技术？

楼宇智能化系统安装与调试

第二篇 项目备战——楼宇智能化核心技术应用

要使智能楼宇变得智慧，我们得给它安上“眼睛”，装上“神经系统”，植入“大脑”让它思考，让它能自我防范，因此，可视对讲门禁、室内安防、视频监控、消防系统、网络及综合布线、DDC 控制系统、组态软件应用是智能楼宇的最基本应用，在这些系统的安装调试中，必须遵从基本工艺与规范，来保障智能楼宇的正常运行。

任务一　可视对讲门禁与室内安防系统在楼宇智能化中的应用

任务目标

1. 学会认识可视对讲门禁与室内安防系统的常用设备；
2. 可以说出可视对讲门禁与室内安防系统的构成。

越来越多的高楼大厦，越来越多的流动人口使得居住安全和生活方便已经成为人们最基本最迫切的需求。为了保证居住的安全性，需要给我们生活的环境中容易被人侵入的区域和位置做分析。首先进行一户单元住宅的安全性分析，如图 2-1-1 所示。

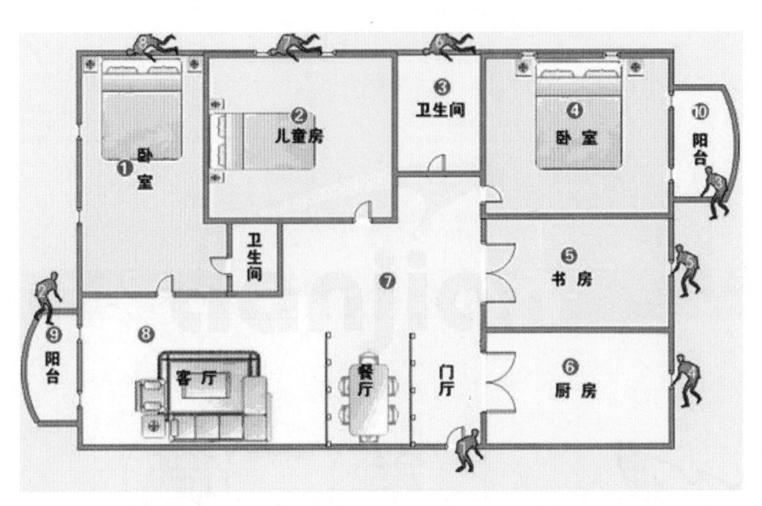

图 2-1-1　单元住宅入侵区域和位置示意图

真是不看不知道，一户单元住宅就有这么多容易被侵入的区域。

为了生命财产安全，给智能小区建立一个多层次、全方位、科学的安全防范系统就显得越来越重要。为了给小区居民提供安全、舒适、便捷的生活环境，一般来说可构建五道安防线，如图 2-1-2 所示。

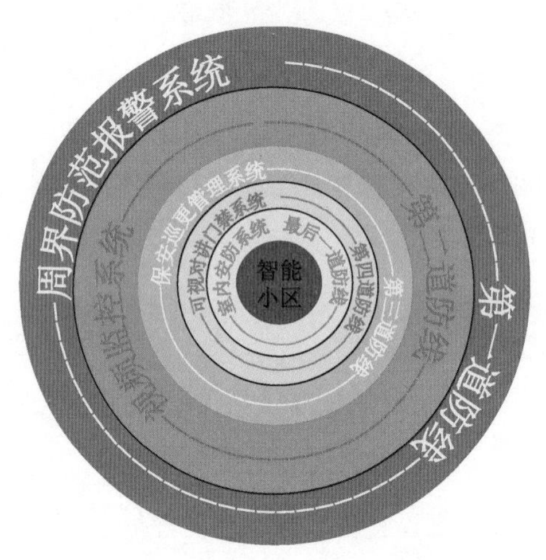

图 2-1-2　智能小区安全防线

第一道安全防线：由周界防范报警系统构成，以防范翻围墙和周边进入社区的非法入侵者。采用感应线缆或主动红外线对射器。

第二道安全防线：由视频监控系统构成，对出入社区和主要通道上的车辆、人员及重点设施进行监控管理。

第三道安全防线：由保安巡更管理系统构成，通过住宅区保安人员对住宅区内可疑人员、事件进行监管。

第四道安全防线：由可视对讲门禁系统构成，可将闲杂人员拒之楼梯口外，防止外来人员四处游窜。

第五道安全防线：由室内安防系统构成，可以提前报告各种危险因素，保证小区住户的家庭安全。这也是整个安全防范系统网络最重要的一环，也是最后一个环节。

子任务一　可视对讲门禁系统的认知

门总处于闭锁状态，非本楼人员在未经允许的情况下不能进入楼内。本楼住户可以用钥匙或密码开门自由出入。当有客人来访时，客人需在楼门外的对讲主机键盘上按出被访住户的房间号，呼叫被访住户的对讲分机，接通后与被访住户的主人进行双向通话或可视通话。通过来访者的声音或图像确认来访者的身份。确认可以允许来访者进入后，住户可以利用对讲分机上的开门按键将单元楼门上的电控门锁打开，来访客人方可进入楼内。来访客人进入楼后，楼门自动关闭。

住宅小区物业管理管理部门通过小区对讲管理中心机，可以对小区内各住宅楼宇对讲系统的工作情况进行监视。如有住宅楼入口门被非法打开、对讲主机或线路出现故障，小区对讲管理中心机会发出报警信号和显示出报警的内容及地点。小区物业管理部门与住户或住户与住户之间可以用该系统相互进行通话，如紧急情况下住户向小区物业管理人员求助等。

可视对讲门禁系统主要由管理中心机、室外主机、室内分机、UPS 电源、电控锁和闭门器等组成。

连网式可视室外主机如图 2-1-3 所示，是安装在单元楼防盗门入口处的选通、对讲控制装置。室外主机一般安装在单元楼门口的防盗门上或附近的墙上，具有呼叫住户、呼叫管理中心机、密码开门和刷卡开门等功能。可视室外主机包括面板、底盒、操作部分、音频部分、视频部分、控制部分。

室内对讲分机是安装在各住户的通话对讲及控制开锁的装置。可以分成可视室内对讲分机和非可视室内对讲分机两种，如图 2-1-4、图 2-1-5 所示。室内对讲分机由分机底座及分机手柄组成。最基本的功能按键有开锁按键和呼叫按键。开锁按键主要功能是主机呼叫分机后，分机通过此按键开启门口电控锁；呼叫按键主要在数字式连网系统中，当住户按动分机的呼叫按键时，管理中心可以显示住户房间号码。

图 2-1-3　连网式可视室外主机

图 2-1-4　可视室内对讲分机

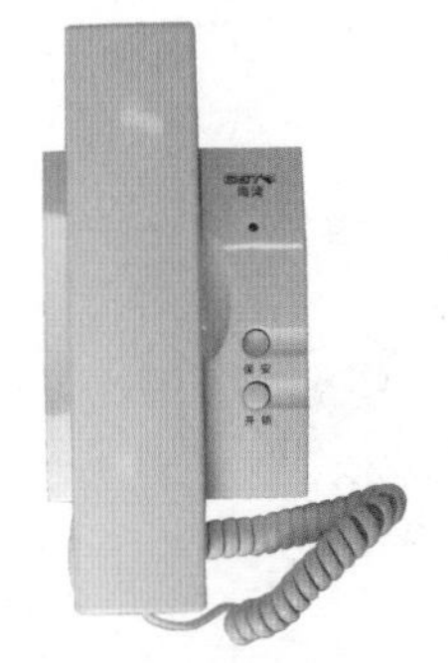

图 2-1-5　非可视室内对讲分机

管理中心机是安装在小区管理中心的通话对讲设备，并可控制各单元防盗门电控锁的开启。小区安保管理中心是系统的神经中枢，管理人员通过设置在小区安保管理中心的管理中心机管理各子系统的终端，各子系统的终端只有在小区安保管理中心的统一协调管理控制下，才能有效正常地工作。管理中心机主要功能是接收住户呼叫、与住户对讲、报警提示、开单元门、呼叫住户、监视单元门口、记录系统各种运行数据、连接计算机等。

图 2-1-6　管理中心机

电控锁可在在主机或者分机的控制下进行开关，如图 2-1-7、图 2-1-8 所示。

图 2-1-7　电插锁

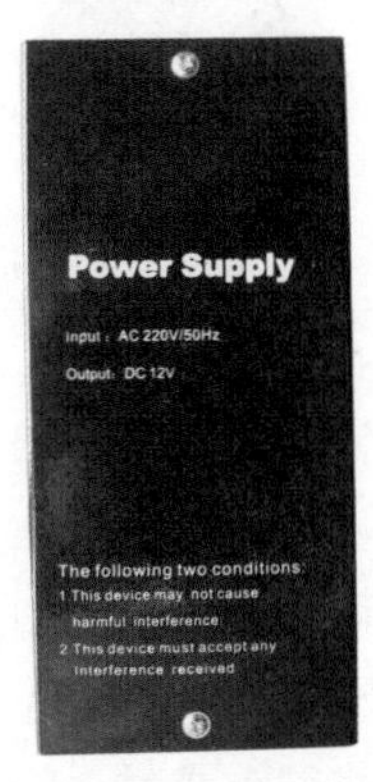

图 2-1-8　磁力锁控制器

对讲门禁设备可真多，对讲门禁系统有哪些结构形式呢？

对讲门禁系统是保障居住安全的第四道屏障，针对不同用户的特点和功能要求可以选择不同的结构类型。

（1）单户型结构

单户使用的访客系统，其特点是每户一个室外主机可连带一个或多个室内分机。例如，别墅使用的系统，具备可视对讲或非可视对讲，遥控开锁，主动监控，使家中的电话（与市话连接）、电视可与单元型可视对讲主机组成单元系统等功能，室内机分台式和扁平挂壁式两种。

（2）单元型结构

独立单元楼使用的系统，其特点是单元楼有一个门口控制主机，可根据单元楼层的多少，每层多少单元住户来决定。单元型可视系统或非可视对讲系统，主机分直按式和编码式两种。直按式容量较小，普通有 2～16 户等，适用于多层住宅楼，特点是一按就应，操作简便。编码式容量较大，可为 2～8 999 户不等，适用于高层住宅楼，特点是界面豪华，操作方式同拨电话一样。这两种系统均采用总线式布线，解码方式有楼层机解码或室内机解码两种。室内机一般与单户型的室内机兼容，均可实现可视对讲或非可视对讲、遥控开锁等功能，并可挂接管理中心，如图 2-1-9 所示。

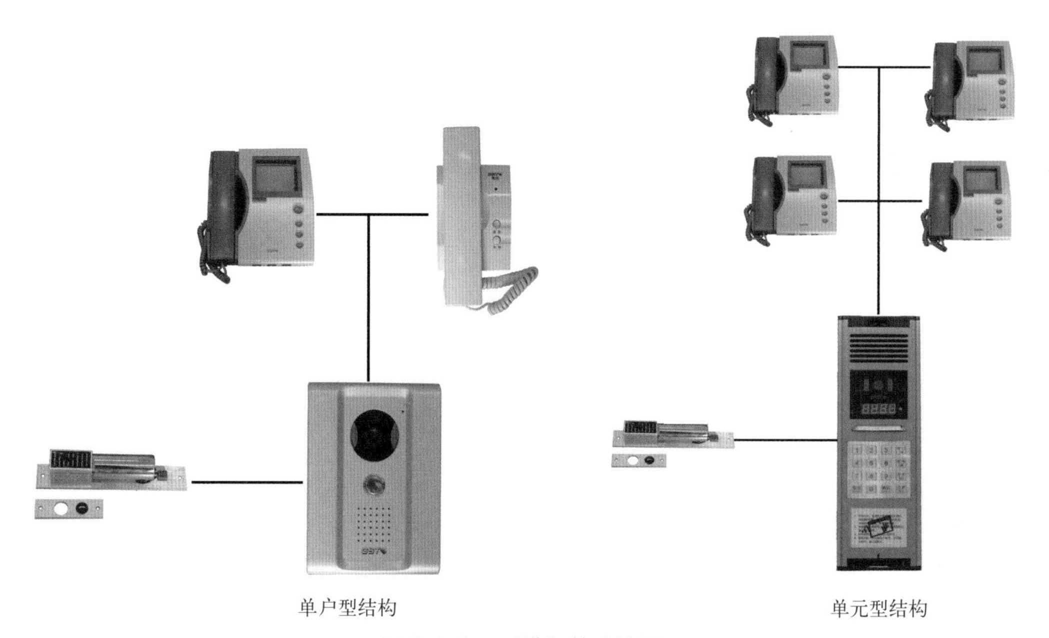

图 2-1-9　对讲门禁系统图

（3）连网型结构

在封闭小区中，对每个单元楼使用单元系统，通过小区内专用（连网）总线与管理中心连接，形成小区各单元楼对讲网络。采用区域集中化管理，功能复杂，各厂家的产品均有自己的特色。一般除具备可视对讲或非可视对讲、遥控开锁等基本功能外，还能接收和传送住户的各种安防探测器报警信息和进行紧急求助，能主动呼叫辖区任一住户或群呼所有住户实行广播功能，有的还与三表（水、煤、电）抄送、IC 卡门禁系统和其他系统构成小区物业管理系统。

三种方式是从简单到复杂、分散到整体逐步发展的。小区连网型系统是现代化住宅小区管理的一种标志，是可视或非可视楼宇对讲系统的高级形式。

子任务二　室内安防系统的认知

当有窃贼非法入侵住户家或发生煤气泄漏、火灾、老人急病等紧急事件时，通过安装在户内的各种电子探测器自动报警，接警中心将在数十秒内获得警情消息，为此迅速派出保安或救护人员赶往住户现场进行处理。室内火灾采用烟感探测器为主的消防报警联动控制，并与消防局连网。防盗报警系统采用常规门磁开关、双鉴探测器、玻璃破碎报警器等。在厨房内安装可燃气体泄漏探测器，当可燃气体浓度大于国家规定标准时产生报警。设在小区控制中心的监控主机通过报警接收机或者专用通信网络，接收来自家庭智能控制器的告警信号，系统能马上识别告警类型及发出警报的住户位置，并产生声像报警。

作为小区安全防范系统的最后一道也是最重要的一道防线，室内安防系统是利用全自动防盗电子设备，在无人值守的地方，通过电子红外探测技术及各类磁控开关判断非法入侵行为或各种燃气泄露，图 2-1-10、图 2-1-11 所示为两种红外入侵探测设备。

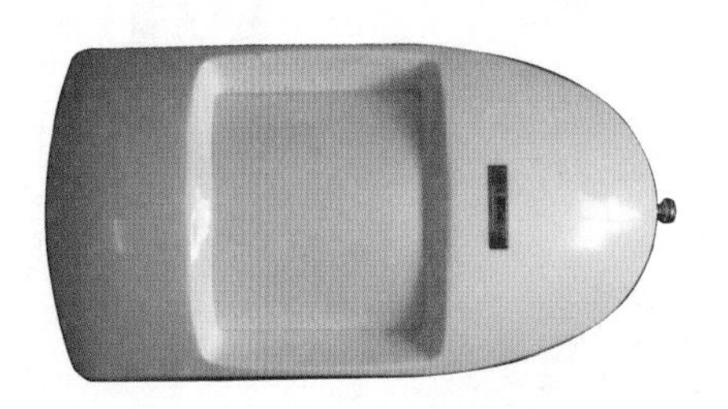

图 2-1-10　被动红外空间探测器

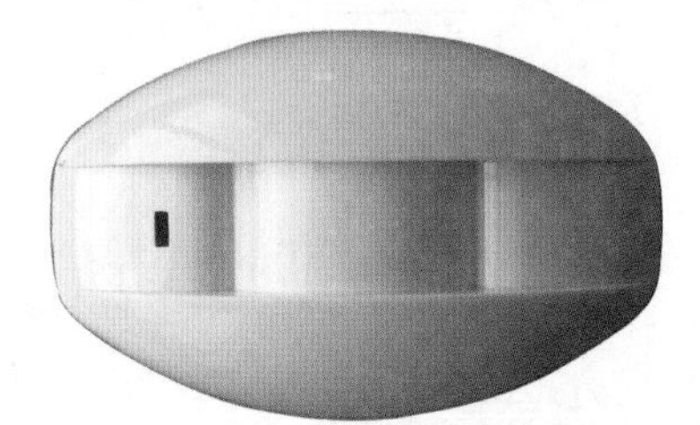

图 2-1-11　被动红外幕帘探测器

被动红外入侵探测器，当人体在探测范围内移动，引起接收到的红外辐射电平变化而能产生报警状态的探测装置。只要物体的温度高于绝对零度，就会不停地向四周辐射红外线，利用移动目标（如人、畜、车）自身辐射的红外线进行探测。

主动红外对射报警器（见图 2-1-12）安装于院墙上，当入侵者穿过红外对射，红外对射随即向报警主机发出信号，报警主机随即报警。主动红外入侵探测器一般由单独的发射机和接收机组成，收、发机分置安装，性能上要求发射机的红外辐射光谱应在可见光光谱之外。为防止外界干扰，发射机所发出的红外辐射必须经过调制，这样当接收机收到接近辐射波长的不同

调制频率的信号，或者是无调制的信号后，就不会影响报警状态的产生和干扰产生的报警状态。

紧急求助按钮（见图 2-1-13）用于当业主有紧急帮助需求时，按下紧急按钮，报警主机即可按设定好的方式发出报警信号。

燃气探测器（见图 2-1-14）用于检测可燃气体的泄漏，当燃气探测器感应到厨房中的燃气泄漏后，随即向报警主机发出报警信号，报警主机随即发出报警。可以感应的气体包括煤气、天然气、液化气。燃气探测器适用于家庭、宾馆、公寓等存在可燃气体的场所进行安全监控，可与火灾报警控制器组网连接。可燃气体探测器采用半导体气敏元件，具有工作稳定，使用寿命长，安装简单等特点。

图 2-1-12　主动红外对射报警器

感烟探测器（见图 2-1-15）是一种响应燃烧或热解产生的固体或液体微粒的火灾探测器，能探测物质燃烧初期所产生的气溶胶或烟雾粒子浓度，因此把它称为早期火灾探测器。

图 2-1-13　紧急求助按钮

图 2-1-14　燃气探测器

图 2-1-15　感烟探测器

用这些设备可以解决每个住宅用户的安全问题吗？

下面，让我们分析每个住宅用户室内有哪些地方容易发生安全隐患。阳台和大门处于最容易受到入侵的位置；其次是厨房、书房的窗户（由于书房和厨房在平时相对无人，特别是晚上一般空置，容易成为窃贼的入口）；再次就是厨房内的可燃气体容易泄漏；最后是燃烧可能引起的烟雾。到此，经过分析之后可以开始配置系统了。

配置好的室内安防系统（见图 2-1-16）可以完成以下功能：

① 布撤防 / 操作简单：只要输入 4~6 位密码，键盘便会有指示灯及提示音反应操作是否成功。在门口可视对讲分机上就可操作。

② 在窗口安装定向幕帘探测器，即使夜间睡觉时也可正常布防；在客厅及过道安装被动红外探测器，能有效防止入侵；在厨房安装气体泄漏报警器；在大厅及主卧室安装紧急按钮，提供紧急情况时的紧急求救。

③ 报警时在几秒内即可自动报警到小区内的24h网络报警中心。

④ 在大门上安装门磁，可以有效防止大门被撬。

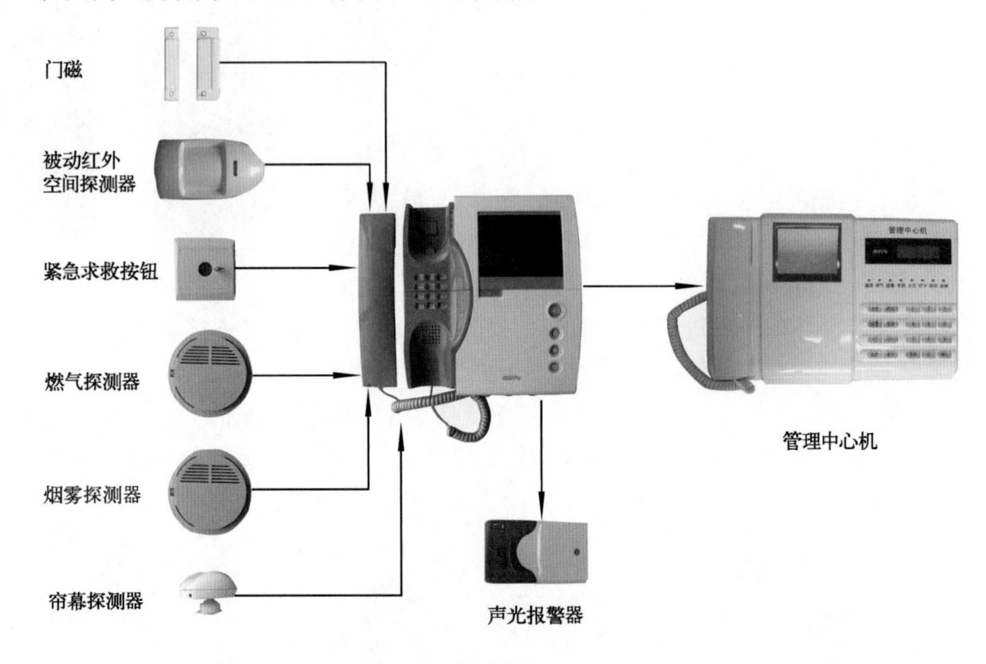

图 2-1-16　每个住宅用户的室内安防系统工作原理图

知识归纳

可视对讲门禁与室内安防系统把楼宇的出入口控制、住户室内安防及小区物业管理部门三方面的信息包含在同一网络中，成为防止住宅受非法入侵的重要防线，有效地保护了住户的人身和财产安全。

任务二　视频监控系统在楼宇智能化中的应用

任务目标

1. 学会认识视频监控系统的常用设备；
2. 可以说出视频监控系统的构成。

随着社会的发展与进步，人们对于安全的要求越来越高，不仅要防盗、防劫、防入侵、防破坏，而且还包括防火安全、交通安全、通信安全、信息安全以及人体防护、医疗救助、防煤气泄漏等诸多内容，但是现在工作的地点离家越来越远，不能随时了解家里的情况。

有什么办法可以让我随时随地看到家里面的情况？

视频监控系统（见图 2-2-1）可以帮解决这个问题。视频监控系统通过在监控区域内安装固定摄像机或全方位摄像机，对必须监控的场所、部位、通道等进行实时、有效地视频探测、视频监视、视频传输、显示和记录。通过传输线路将摄像机所收集到的信号传至图像分配器或放大器，然后再传入监视器，实现对监控区域的全面监视。图像监视与录像技术可以让有关人员直观地掌握现场情况，并能够通过录像回放进行分析，以便为管理决策提供最直接有力的信息依据。

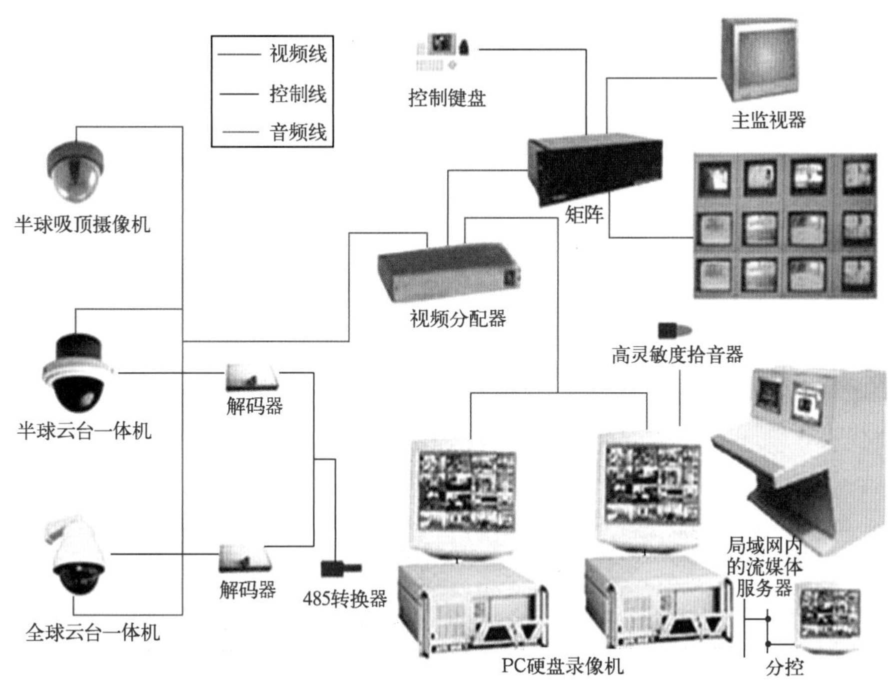

图 2-2-1 视频监控系统

视频监控系统可以分为闭路（有线）电视监控系统和无线电视监控系统。闭路监控系统有着保密性强，抗干扰能力强，传输信号稳定，设备价格低等许多优点，得到普遍的使用。无线监控系统则有无需布线，施工方便等优势，但是由于信号干扰和产品价格等方面的原因，一般不采用。

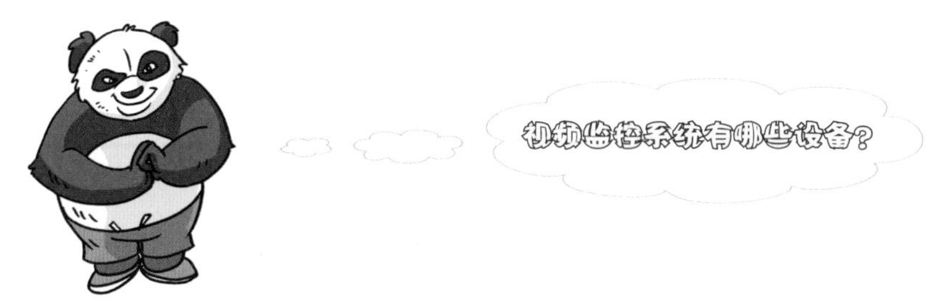

子任务一 视频监控系统典型设备认知

一个典型的闭路电视监控系统主要由前端音视频数据采集设备、传送介质、终端监看监听设备和控制设备组成。视频监控子系统由摄像机部分（有时还有传声器）、传输部分、控制部分以及显示和记录部分四大块组成。在每一部分中，又含有更加具体的设备或部件。

前端音视频数据采集设备是指系统前端采集音视频信息的设备。操作者通过前端设备获取必要的声音、图像及报警等需要被监视的信息。系统前端设备主要包括摄像机、镜头、云台、解码控制器和报警探测器等，如图 2-2-2 所示。

(a) 摄像机

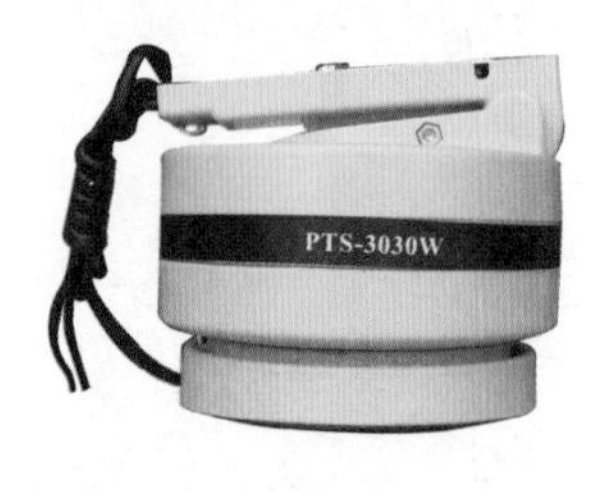

(b) 云台

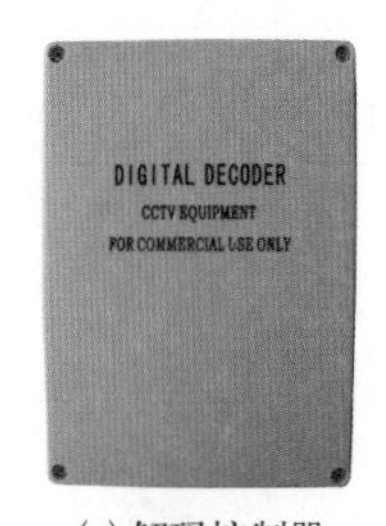

(c) 解码控制器

图 2-2-2　前端设备

传送介质是将前端设备采集到的信息传送到控制设备及终端设备的传输通道。主要包括视频线、电源线和信号线，一般来说，视频信号采用同轴视频电缆传输，也可用光纤、微波、双绞线等介质传输。

控制设备是整个系统的最重要的部分，它起着协调整个系统运作的作用。人们正是通过控制设备来获取所需的监控功能。满足不同监控目的的需要。控制设备主要包括音频、视频矩阵切换控制器、控制键盘、报警控制器和操作控制台，如图 2-2-3 所示。

(a) 硬盘录像机

(b) 视频矩阵切换控制器

图 2-2-3　控制设备

终端监视监听设备（见图 2-2-4）是系统对所获取的声音、图像、报警等信息进行综合后，以各种方式予以显示的设备。系统正是通过终端设备的显示来提供给人最直接的视觉、听觉感受，以及被监控对象提供的可视性、实时性及客观性的记录，系统终端设备主要包括监视器、录像机等。

图 2-2-4　终端设备

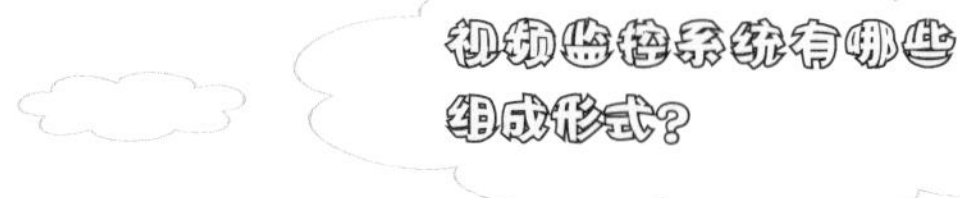

子任务二　典型视频监控系统组成

视频监控系统是保障居住安全的第二道屏障，针对不同用户的特点和功能要求可以选择不同的结构类型。

1．单头单尾方式

单头单尾方式最简单的组成方式。头指摄像机，尾指监视器。这种由一台摄像机和一台监视器组成的方式用在一处连续监视一个固定目标的场合，如图 2-2-5 所示。

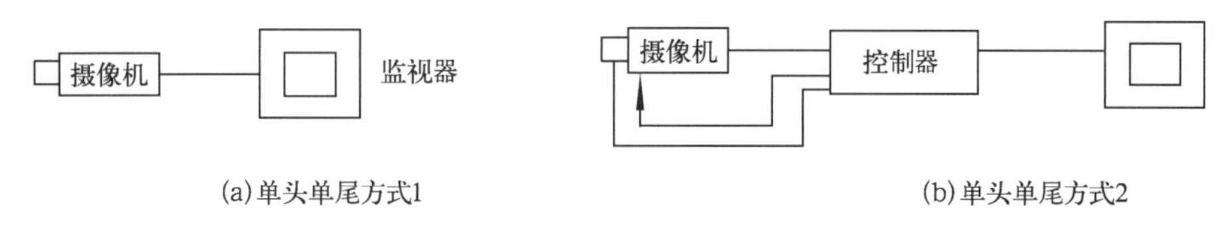

图 2-2-5　单头单尾方式

2．单头多尾方式

单头单尾方式是一台摄像机向许多监视点输送图像信号，由各个点上的监视器同时观看图像，如图 2-2-6 所示。这种方式用在多处监视同一个固定目标的场合。

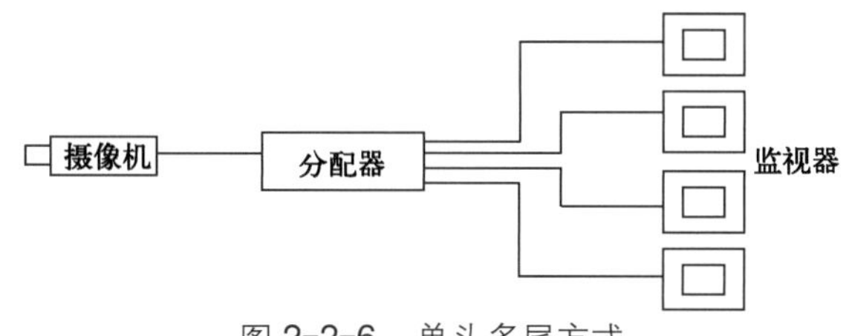

图 2-2-6　单头多尾方式

3．多头单尾方式

多头多尾方式适用于需要一处集中监视多个目标的场合。如果不要求录像，多台摄像机可通过一台切换器由一台监视器全部进行监视；如果要求连续录像，多台摄像机的图像信号通过一台图像处理器进行处理后，由一台录像机同时录制多台摄像机的图像信号，由一台监视器监视，如图 2-2-7 所示。

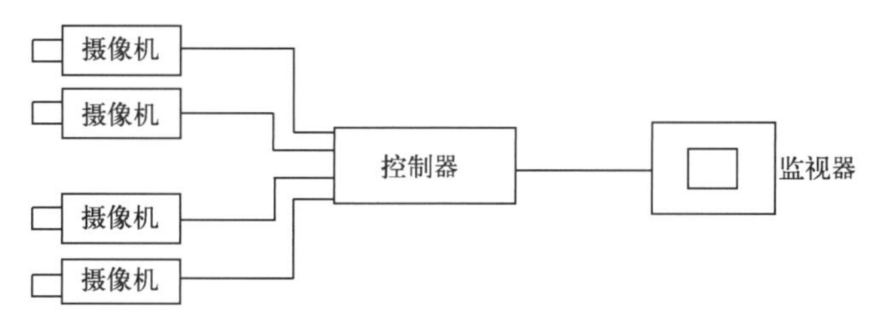

图 2-2-7　多头单尾方式

4．多头多尾方式

多头多尾方式适用于多处监视多个目标场合，并可对一些特殊摄像机进行云台和变倍镜头的控制，每台监视器都可以选切自己需要的图像，如图 2-2-8 所示。

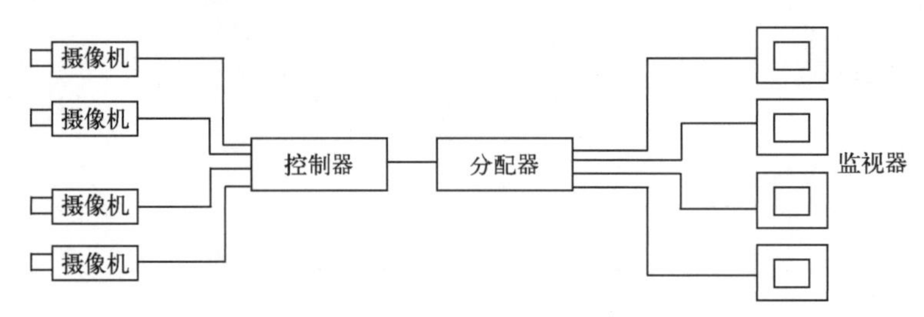

图 2-2-8　多头多尾方式

5．综合方式

上述四种方式各有其优缺点，第一、二种方式太简单，在实际系统中很少应用。第三种方式虽然经济性较好，但在控制和显示方面显得很不方便，并且不能设立分控点。第四种方式虽控制和显示都较理想，但为了能较为连续地录制每台摄像机的图像信号，必须按摄像机的数量相应添加若干台录像机，由于系统的矩阵控制器成本比较高，再加上录像机的造价，会使整个系统的预算较高。根据上述四种方式的优缺点比较，一般系统均采用方式三、四相结合的综合方式，即保留矩阵控制器在控制和显示方面的优点，再使用多路画面处理器在高效率低成本录像方面的长处，使二者有机地合二为一，使系统具有良好的性能价格比。

知识归纳

闭路电视监控是安全防范技术体系中的一个重要组成部分，是一种先进的、防范能力极强的综合系统。它通过遥控摄像机及其辅助设备，直接观看被监视场所的一切情况，把被监视场所的图像传送到监控中心，同时还可以把被监视场所的图像全部或部分地记录下来，为日后某些事件的处理提供了方便条件和重要依据。

任务三　消防系统在楼宇智能化中的应用

任务目标

1．学会认识消防系统的常用设备；
2．可以说出消防系统的构成。

火在给人类带来光明和温暖的同时，也给人类带来了灾难和痛苦。社会发展到今天，物质极大丰富，科技高度发达，然而火对人类造成的灾难非但没有减弱，反而愈加惨烈，因此，火灾的防治就显得尤为主要。

子任务一　消防系统设备的认知

火灾初期特点：燃烧范围不大，火灾仅限于初始起火点附近；室内温度差别大，在燃烧区域及其附近存在高温，室内平均温度低；火灾发展速度较慢，产生大量的烟雾。

要怎么样防治火灾呢？

先用探测器把火灾探测出来！

初始阶段中的烟、味参数可作为烟味类探测器的报警依据。这时候感烟型火灾探测器可以大显身手，使用它构筑起第一道自动监视线可以尽早发现火灾，并把火灾及时控制消灭在起火点图 2-3-1、图 2-3-2、图 2-3-3 所示为不同类型火灾探测器。

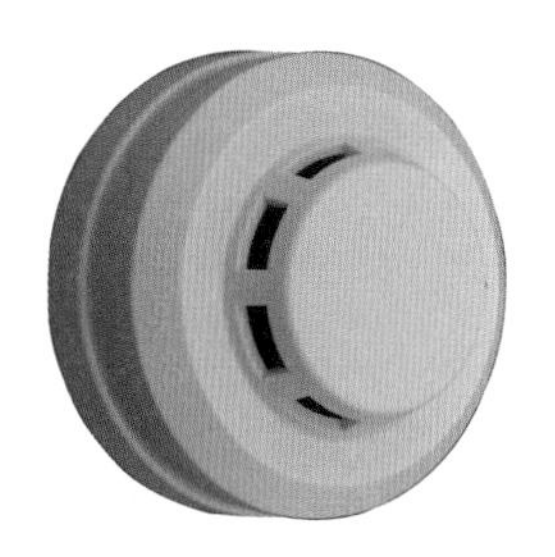

图 2-3-1　光电感烟火灾探测器

图 2-3-2　感温火灾探测器

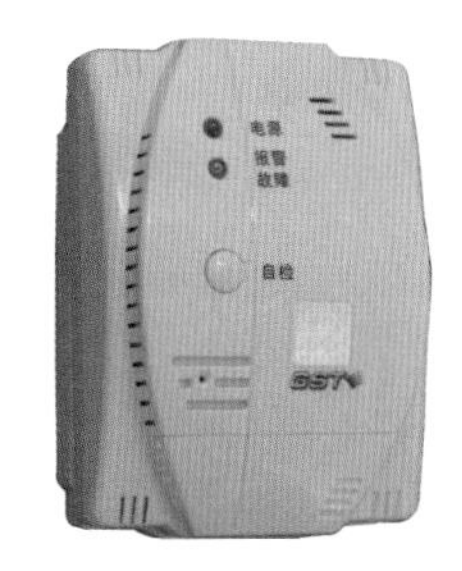

图 2-3-3　可燃气体探测器

经过初期之后，火灾进入猛烈燃烧阶段。这时空间内所有可燃物都在猛烈燃烧，放热速度很快，因而空间内温度快速升高，并出现持续性高温。大量热、烟和火灾辐射是这一时期的特点。

针对空间内的高温，感温火灾探测器正适用。感温探测器是响应异常温度、温升速率和温差等参数的探测器。当燃烧过程中释放出大量的热量，周围环境温度急剧上升，可以选择差温火灾探测器探测升温速率。当达到一定温度值（如 70~90℃）时，可以启动定温探测器。

对使用、生产或聚集可燃气体或可燃气体蒸气的场所，应选择可燃气体探测器。可燃气体探测器是对单一或多种可燃气体浓度响应的探测器。在易燃易爆场合中主要探测气体（粉尘）的浓度，一般调整在爆炸下限浓度的 1/6~1/5 时报警。

探测出火灾，要怎样发出报警呢？

让我们来认识一下火灾报警控制器！

火灾报警控制器（见图 2-3-4）是火灾自动报警系统中的核心单元，主要有以下功能：

① 直接或间接地接收来自火灾探测器及其他火灾报警触发器的火灾报警信号，发出声、光报警信号，指示火灾发生部位，并予保持。光报警信号在火灾报警控制器复位之前应不能手动消除；声报警信号应能手动消除，但再次有火灾报警信号输入时，要能再启动。发出火警信号的同时，经适当延时，启动灭火设备和联锁减灾设备。

图 2-3-4　火灾报警控制器

② 当火灾报警控制器内部，火灾报警控制器与火灾探测器、火灾报警控制器与起传输火灾报警信号作用的部件间发生故障时，应能在 100s 内发出与火灾报警信号有明显区别的声、光故障信号。

③ 火灾报警控制器应有本机检查功能（以下称自检）。火灾报警控制器在执行自检功能时，应切断受其控制的外接设备。如火灾报警控制器进行每次自检所需时间超过 1min 或其不能自动停止自检功能，自检期间，如非自检回路有火灾报警信号输入，火灾报警控制器应能发出火灾报警声、光信号。

④ 火灾报警控制器应具有显示或记录火灾报警时间的计时装置，其计时误差不超过 30s；仅使用打印机记录火灾报警时间时，应打印出月、日、时、分等信息。

⑤ 为火灾探测器供电，也可为其连接的其他部件供电。消防系统不同于楼宇自控其他子系统，探测器需要由报警控制器集中供电。

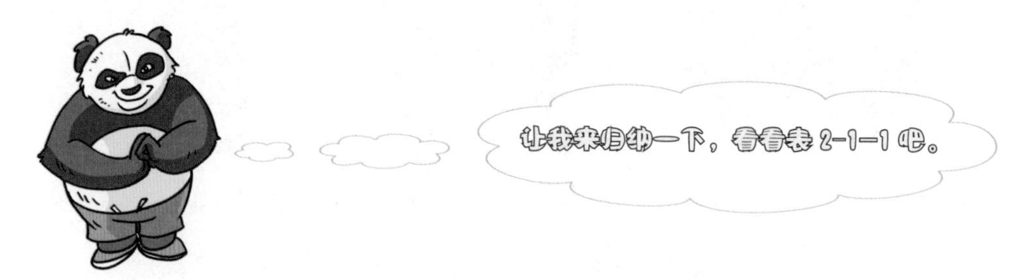

表 2-1-1　THBAES 型楼宇智能化系统消防子系统使用的设备

器件名称	器　件　图　片	器　件　用　途	器件特点及技术参数
消防控制箱		消防控制箱主要由电源、继电器等设备组成，和单输入／单输出模块配合使用，完成消防系统模拟机电设备控制	Li、Ni：AC 220V 电源输入，来自接总电源控制箱。 L、N：AC 220V 电源输出，去火灾报警控制器 24V+、24V-：DC 24V/3A 电源输出 COM、S-：DC 24V 输入端，分别接单输入／单输出模块 1、2、3 的 COM、S-
火灾报警控制器		JB-QB-GST200 火灾报警控制器（联动型）是海湾公司推出的新一代火灾报警控制器，为适应工程设计的需要，本控制器兼有联动控制功能，它可与海湾公司的其他产品配套使用组成配置灵活的报警联动一体化控制系统，因而具有较高的性价比，特别适用于中小型火灾报警及消防联动一体化控制系统	1. 配置灵活、可靠性高 2. 功能强、控制方式灵活 3. 智能化操作、简单方便 4. 窗口化、汉字菜单式显示界面 5. 全面的自检功能 6. 配备智能化手动消防启动盘 7. 独立的气体喷洒控制密码和联动公式编程 8. 配接汉字式火灾显示盘 9. 供电电源为低压开关电源，充电部分采用开关恒流定压充电

续表

器件名称	器件图片	器件用途	器件特点及技术参数
隔离器		GST-LD-8313隔离器，用于隔离总线上发生短路的部分，以保证总线上其他的设备能正常工作。待故障修复后，总线隔离器会自行将被隔离的部分重新纳入系统。此外，使用隔离器还能便于确定总线发生短路的位置	1. 工作电流：动作电流≤ 170mA 2. 动作指示灯：红色（正常监视状态不亮，动作时常亮） 3. 负载能力：总线24V，170mA
J-SAM-GST9122编码手动报警按钮（含电话插孔）		J-SAM-GST9122手动火灾报警按钮（含电话插孔）一般安装在公共场所，当人工确认发生火灾后，按下报警按钮上的有机玻璃片，即可向控制器发出报警信号。控制器接收到报警信号后，将显示出报警按钮的编号或位置并发出报警声响，此时只要将消防电话分机插入电话插座即可与电话主机通信	1. 工作电流：监视电流≤ 0.8mA；报警电流≤ 2.0 mA 2. 输出容量：额定DC 60V/100mA无源输出触点信号 3. 接触电阻≤ 100Ω
J-SAM-GST9123消火栓按钮		J-SAM-GST9123消火栓按钮（以下简称按钮）安装在公共场所，当人工确认发生火灾后，按下此按钮，即可向火灾报警控制器发出报警信号，火灾报警控制器接收到报警信号，将显示出与按钮相连的防爆消火栓接口的编号，并发出报警声响	1. 工作电流：报警电流≤ 30mA 2. 启动方式：人工按下有机玻璃片 3. 复位方式：用吸盘手动复位 4. 指示灯:红色，报警按钮按下时此灯点亮；绿色，消防水泵运行时此灯点亮 注：不允许直接与直流电源连接，否则可能损坏内部器件
声光报警器		HX-100B火灾声光警报器（以下简称警报器）用于在火灾发生时提醒现场人员注意。警报器是一种安装在现场的声光报警设备，当现场发生火灾并被确认后，可由消防控制中心的火灾报警控制器启动，也可通过安装在现场的手动报警按钮直接启动。启动后警报器发出强烈的声光警号，以达到提醒现场人员注意的目的	1. 工作电压、电流 信号总线电压：24V 允许范围：16 ~ 28V 电源总线电压：DC24V 允许范围：DC 20 ~ DC28V 电源动作电流：≤ 160mA 2. 编码方式：采用电子编码方式，占一个总线编码点，编码范围可在1 ~ 242之间任意设定 3. 线制：四线制，与控制器采用无极性信号二总线连接，与电源线采用无极性二线制连接
JTY-GD-G3智能光电感烟探测器		在无烟状态下，只接收很弱的红外光，当有烟尘进入时，由于散射的作用，使接收光信号增强；当烟尘达到一定浓度时，便输出报警信号。为减少干扰及降低功耗，发射电路采用脉冲方式工作，以提高发射管的使用寿命。该探测器占一个结点地址，采用电子编码方式，通过编码器读/写地址	1. 工作电压：总线24V 2. 工作电流：监视电流≤ 0.8mA；报警电流≤ 2.0mA 3. 灵敏度（响应阈值）：可设定三个灵敏度级别，探测器出厂灵敏度级别为二级。当现场环境需要在少量烟雾情况下快速报警时，可以将灵敏度级别设定为一级；当现场环境灰尘较多时或者风沙较多的情况下，可以将灵敏度级别设定为三级

续表

器件名称	器件图片	器件用途	器件特点及技术参数
JTW-ZCD-G3N 智能电子差定温感温探测器		JTW-ZCD-G3N 智能电子差定温感温探测器采用热敏电阻作为传感器，传感器输出的电信号经变换后输入到单片机，单片机利用智能算法进行信号处理。当单片机检测到火警信号后，向控制器发出火灾报警信息，并通过控制器点亮火警指示灯	1．工作电压 信号总线电压：总线 24V，允许范围：16 ~ 28V 2．工作电流：监视电流≤ 0.8mA；报警电流≤ 2.0mA 3．报警确认灯：红色（巡检时闪烁，报警时常亮）
LD-8301 单输入／单输出模块		LD-8301 单输入／单输出模块采用电子编码器进行编码，模块内有一对常开、常闭触点。模块具有直流 24V 电压输出，用于与继电器的触点接成有源输出，以满足现场的不同需求。另外模块还设有开关信号输入端，用来和现场设备的开关触点连接，以便确认现场设备是否动作	1．工作电压 信号总线电压：总线 24V 允许范围：16 ~ 28V 电源总线电压：DC 24V 允许范围：DC 20 ~ DC 28V 2．工作电流：总线监视电流≤ 1mA；总线启动电流≤ 3mA；电源监视电流≤ 5mA；电源启动电流≤ 20mA

子任务二　消防子系统的构成

对于小型的场所，如酒吧、饭馆、KTV、小型仓库，这些场所需要探测器不多，控制点少，控制关系简单。一般一台报警控制器便可以满足要求。系统由报警控制器、探测器、手动报警按钮、控制模块、输入模块等组成，如图 2-3-5 所示。一般一台火灾报警控制器有 1 个回路的、2 个回路的、4 个回路的等。可以根据工程的实际情况选择。简单的逻辑控制可以通过输入模块实现。

大型建筑需要设立专门的消防控制中心，火灾自动报警控制系统一般有一台火灾自动报警控制主机，将分布在中心外的火灾报警分机通过通信网络连接起来。消防控制中心可以监控整个建筑物的所有消防设备的状态，如图 2-3-6 所示。

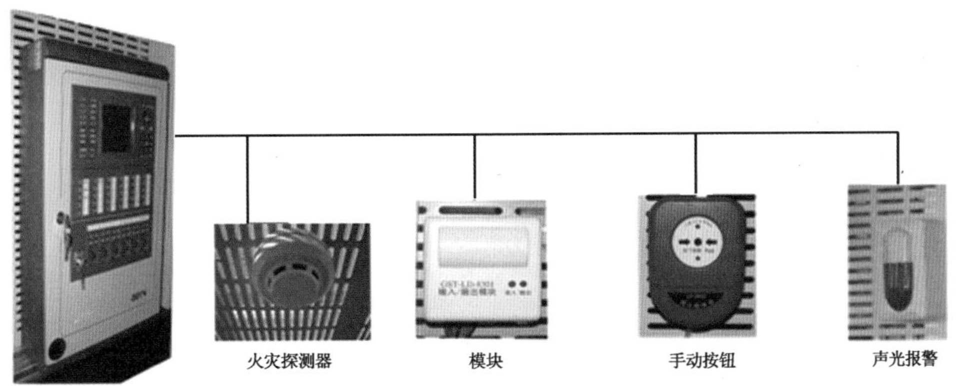

图 2-3-5　报警控制器

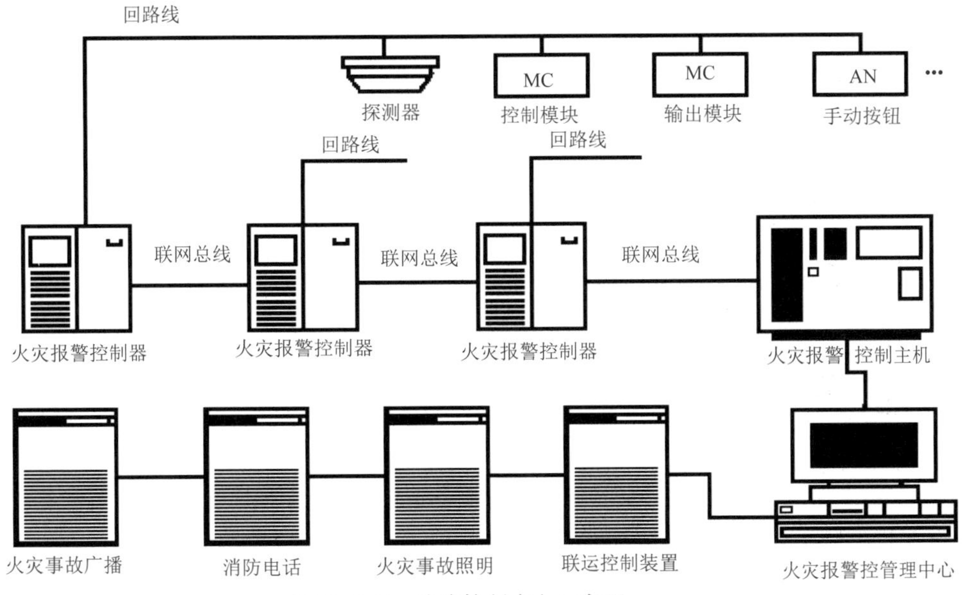

图 2-3-6　消防控制中心示意图

知识归纳

消防报警子系统，一般由火灾探测器和火灾报警控制器组成，也可以根据工程的要求同各种灭火设施和通信装置联动，以形成中心控制系统。消防报警子系统完成自动报警、自动灭火、安全疏散引导、系统过程显示、消防档案管理等功能。

任务四 网络及综合布线系统在楼宇智能化中的应用

任务目标

1. 学会认识综合布线系统的常用设备；
2. 可以说出综合布线系统的构成。

网络的诞生让人们的生活更便捷和丰富，从而促进了人类社会的进步，并且丰富人们的精神世界和物质世界，让人们最便捷地获取信息，找到所求，同时也使人类的生活更快乐。

综合布线系统是计算机网络数据和语音传递的基本通道。对于现代化的大楼来说，就如体内的神经，它采用了一系列高质量的标准材料，以模块化的组合方式，把语音、数据、图像和部分控制信号系统用统一的传输媒介综合在一套标准的布线系统中，将现代建筑的三大子系统有机地连接起来，为现代建筑的系统集成提供了物理介质。综合布线系统是信息系统中最基础的组成部分，它的性能直接影响到信息系统的性能和寿命。

子任务一　综合布线标准化组件的认知

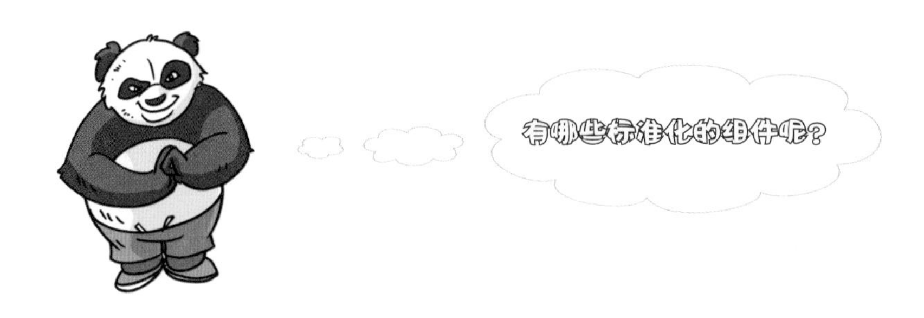

综合布线系统产品由各个不同系列的器件所构成，包括传输介质、交叉/直接连接设备、介质连接设备、适配器、传输电子设备、布线工具及测试组件。这些器件可在综合布线系统中组成相互关联的子系统，发挥其各自用途。下面来看一下综合布线中用到了哪些设备。

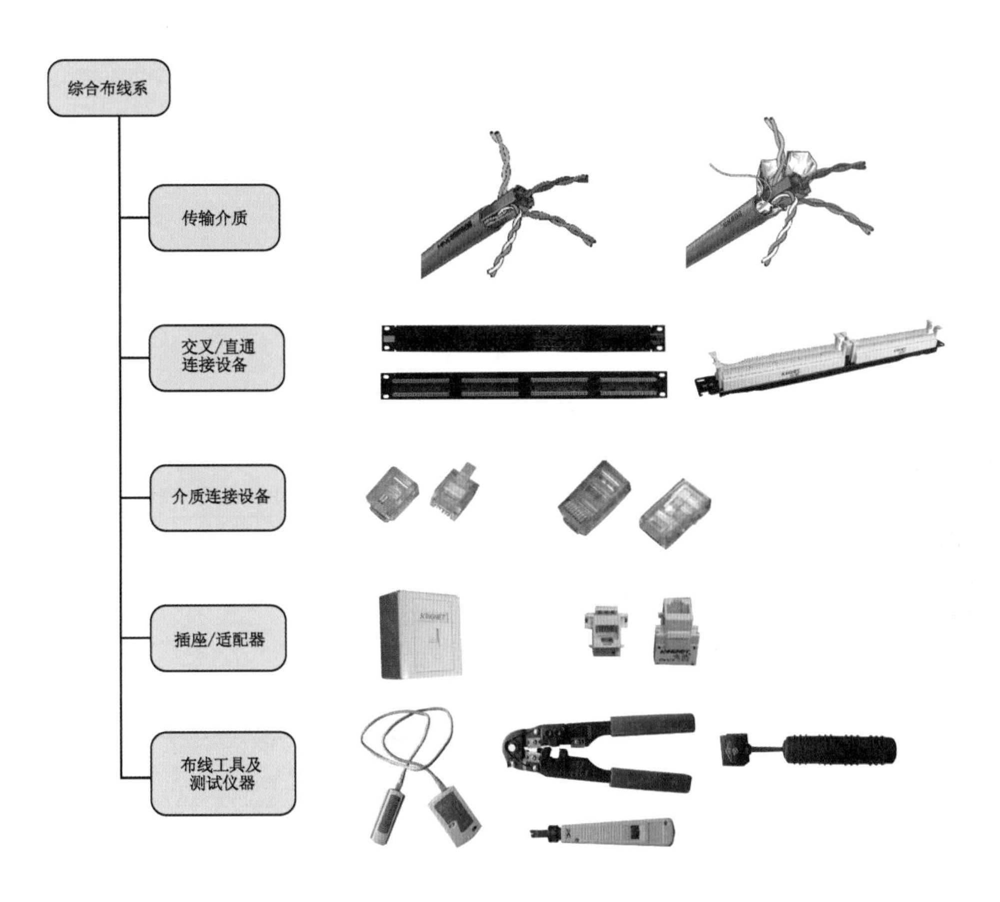

图 2-4-1　综合布线设备

子任务二 综合布线系统的构成

综合布线系统由工作区子系统、水平子系统、管理子系统、垂直干线子系统、设备间子系统和建筑群子系统构成。

工作区子系统（见图 2-4-2）由工作区内的终端设备连接到信息插座的线缆（长 3m 左右）所组成。它包括带有多芯插头的连接线缆和连接器，如，Y 形连接器、无源或有源连接器等，它还可根据不同用户终端设备配置相应的连接设备。常用的终端设备是计算机、电话、传真机等。每一个信息插座均设计为 RJ-45 制式。 主要设备：模块、面板、跳线等。

水平子系统（见图 2-4-3）目的是实现信息插座和管理子系统（跳线架）间的连接，将用户工作区引至管理子系统，并为用户提供一个符合国际标准、满足语音及高速数据传输要求的信息点出口。该子系统由一个工作区的信息插座开始，经水平布置到管理区的内侧配线架的线缆所组成。

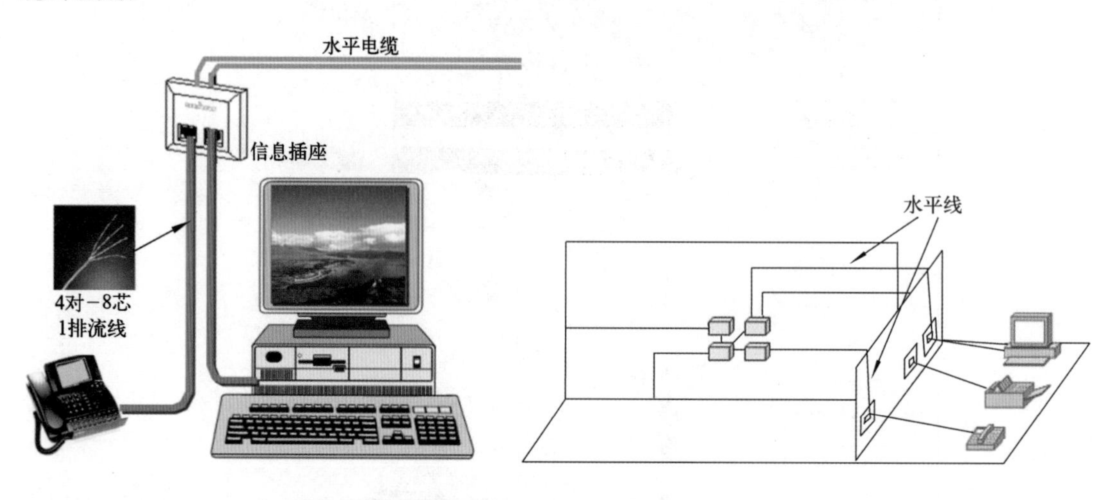

图 2-4-2 工作区子系统　　图 2-4-3 水平子系统

管理子系统（见图 2-4-4）由配线架和跳线等组成。配线架可分楼层配线架（箱）IDF 和立配线架（箱）MDF，IDF 可安装在各楼层的配线间，MDF 一般安装在设备机房。

垂直干线子系统（见图 2-4-5）是实现计算机设备、程控交换机、控制中心与各管理子系统间的连接，是建筑物干线电缆的路由。该子系统通常是在两个单元之间，特别是在位于中央点的公共系统设备处提供多个线路设施。常用介质是双绞线，电缆和光缆。

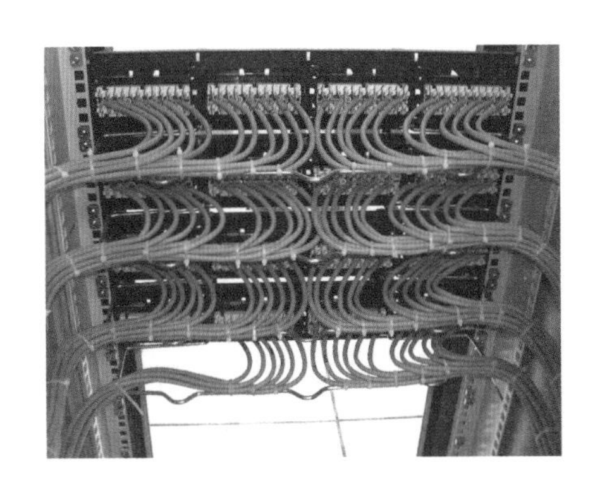

图 2-4-4　管理子系统外观图

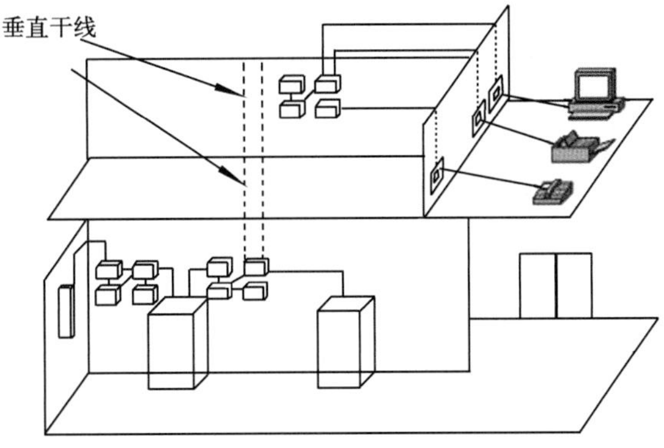

图 2-4-5　垂直干线子系统

图 2-4-6 设备间子系统

设备间子系统（见图 2-4-6）主要是由设备间的电缆、连接器和有关的支撑硬件组成，作用是将计算机、程序交换机、摄像头、监视器等弱电设备互连起来并连接到主配线架上。

建筑群子系统将一个建筑物的电缆延伸到建筑群的另外一些建筑物中的通信设备和装置上，是结构化布线系统的一部分，支持提供楼群之间通信所需的硬件。它由电缆、光缆和入楼处的过电流、过电压电气保护设备等相关硬件组成，常用介质是光缆。

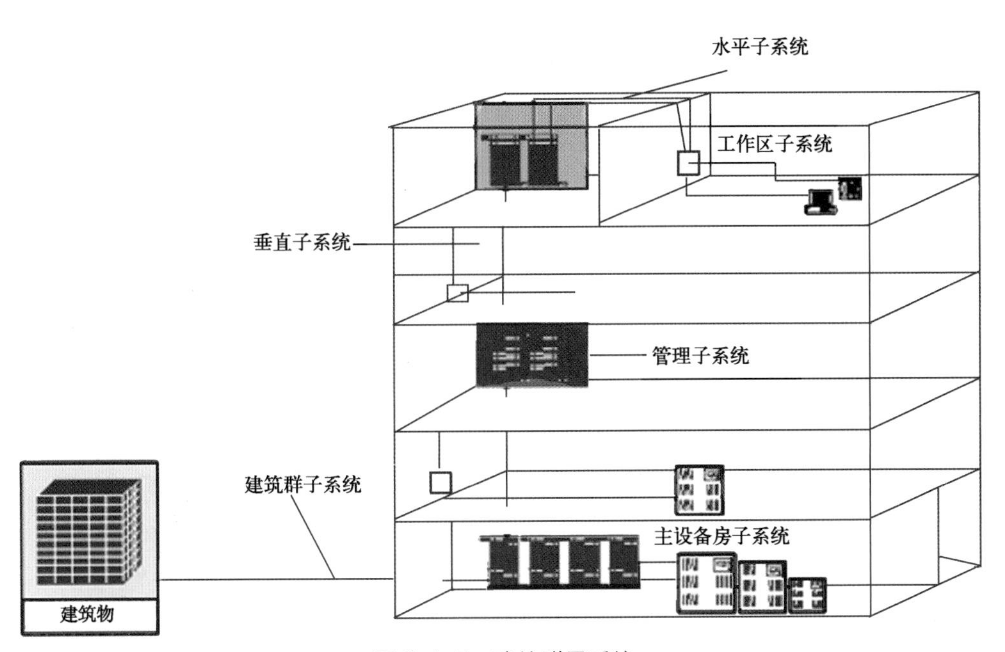

图 2-4-7　建筑群子系统

随着科技的不断发展，综合布线系统发展突飞猛进。从 20 世纪 90 年代初期 10M 以太网（10BASE-T）的出现，到 20 世纪 90 年代中期转换到 100M 以太网（100BASE-T），到今天成为主流的千兆以太网（1 000BASE-T）以及目前已崭露头角的万兆以太网（10GBASE-T），网络的速度在以 100 倍的幅度增加。配合网络的更新速度，布线系统也在相应地不断发展。

知识归纳

综合布线系统是一个用于语音、数据、影像和其他信息技术的标准结构化布线系统。一个设计完好的综合布线系统应建立在构件或布线单元的基础之上，可细分为工作区子系统、水平子系统、管理子系统、垂直干线子系统、设备间子系统和建筑群子系统。

任务五 DDC控制系统、组态软件在楼宇智能化中的应用

任务目标

1. 能够解释集散控制系统的含义；
2. 能描述 DDC 的概念、工作原理并指出输入 / 输出接口的功能；
3. 能描述组态软件的概念及特点，学会力控组态软件的基本使用。

DDC 是智能楼宇控制中非常重要的一个环节，作为楼控中应用的主要控制器，就像中转站一样起着承上启下的关键作用。它一方面接受来自上位计算机的命令，去控制照明、空调等系统；另一方面又不断采集楼控中的信息，并反馈给上位计算机，由此来实现上位计算机的监控功能。

通常楼宇智能化系统是利用 DDC 控制器对大楼内机电设备实施监控，监控的范围有空调系统、冷 / 热源系统、给排水系统、送排风系统、供电系统、照明系统、电梯系统等，如图 2-5-1 所示。

图 2-5-1　楼宇智能化系统典型机电设备

下面重点讲解集散控制系统、DDC 控制器及组态软件。

子任务一　集散控制系统的含义

楼宇智能化系统采用的是基于现代控制理论的集散型计算机控制系统，又称分布式控制系统(Distributed Control Systems, DCS)。由上位监控计算机、现场控制器、现场终端设备构成。它的特征是“集中管理分散控制”，即利用直接数字控制器（Direct Digital Controller, DDC）作为现场控制分站，实现对大楼内的机电设备的分散控制，再由上位计算机借助于组态软件实现对 DDC 的监控和管理，将现场的实际情况以动态画面的方式显示在中央控制室的监控计算机上。系统结构如图 2-5-2 所示。

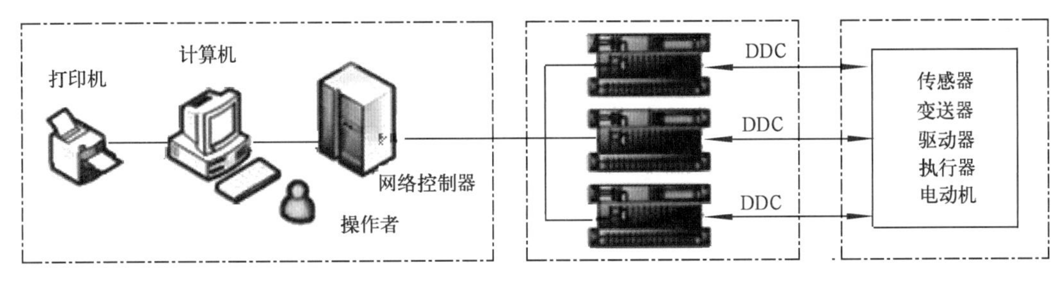

图 2-5-2　集散控制系统结构原理图

子任务二　DDC控制系统的认知

1. 什么是DDC

在 THBAES 型楼宇智能化实训系统中，用到的 DDC 为海湾的 HW-BA5208 及 HW-BA5210 型。产品结构外形如图 2-5-3 所示。在此实训设备中 DDC 主要应用于照明监控系统。它就像一个桥梁，将楼道、室内的照明状况实时地采集出来以反馈到中央监控室中，同时，接收上位计算机的控制命令或按照预先编排的时间表来控制楼道、室内的照明。那么什么是 DDC？

DDC 是一种具有控制功能和运算功能的嵌入式计算机装置。它可以实现对被控设备特征参数与过程参数的测量。“数字”表示它可以利用计算机完成控制功能，“直接”意味着它可以安装在被控设备附近。DDC 可独立完成就地控制。

(a) HW-BA5208 模块

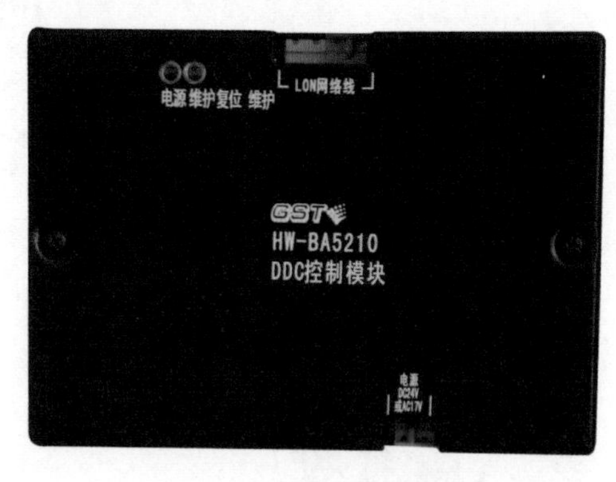

(b) HW-BA5210 模块

图 2-5-3　HW-BA5208 及 HW-BA5210 模块的外形结构图

2. DDC的工作原理

DDC 通常用于计算机集散控制系统，它利用输入端口连接来自于现场的手动控制信号、传感器（变送器）信号以及其他连锁控制信号等。CPU 接收输入信息后，按照预定的程序进行运算和控制输出。通过它的输出端口实现对外部阀门控制器、风门执行器、电机等设备的驱动控制。基本原理如图 2-5-4 所示。

3. DDC的I/O接口

（1）输入接口

输入接口是把现场各种开关信号、模拟信号变成 DDC 内部处理的标准信号。其中，DI 为数字量输入信号，AI 为模拟量输入信号。

① DI 通道。DI 接口一般与开关信号连接，如开关量传感器的输出、主令电器触点、其他电气连锁触点等。这些信号经过转换后变成 DDC 的标准信号，DDC 可以直接判断 DI 通道上开关信号的状态（“ON”或“OFF”），并将其转化为数字信号。DI 通道测控端口类型如图 2-5-5 所示。

② AI 通道。AI 接口一般与模拟信号相连，如温度、压力、流量、液位等，它们经过变送器转换后变成标准的工业仪表电信号，如 0 ~ 5 V 电压、0 ~ 10 V 电压或 4 ~ 20mA 电流等。经过 DDC 内部的 A/D 转换后变成数字量。AI 通道测控端口类型如图 2-5-6 所示。

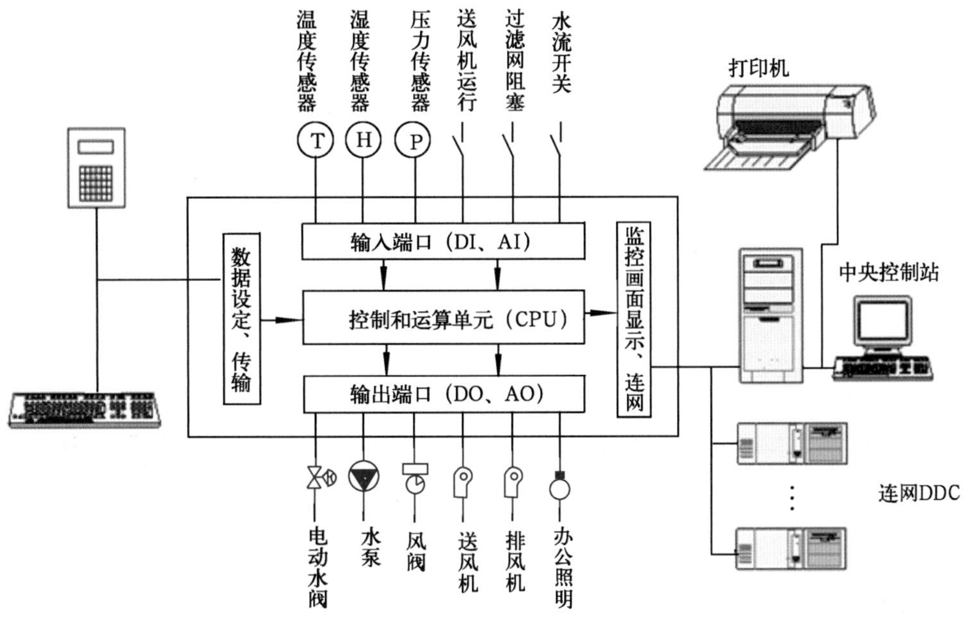

图 2-5-4　DDC 控制系统的工作原理

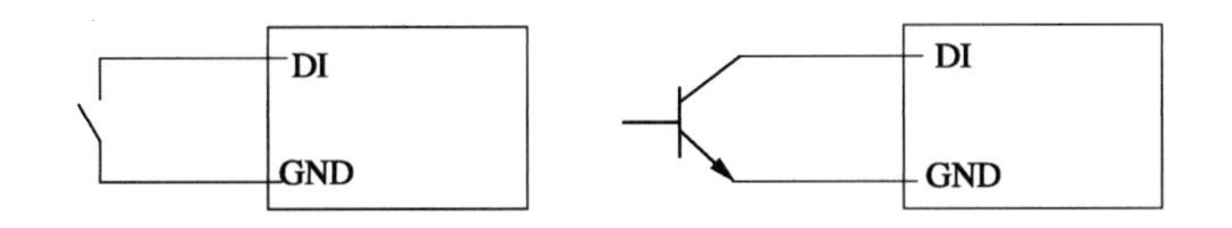

图 2-5-5　DI 通道测控端口类型

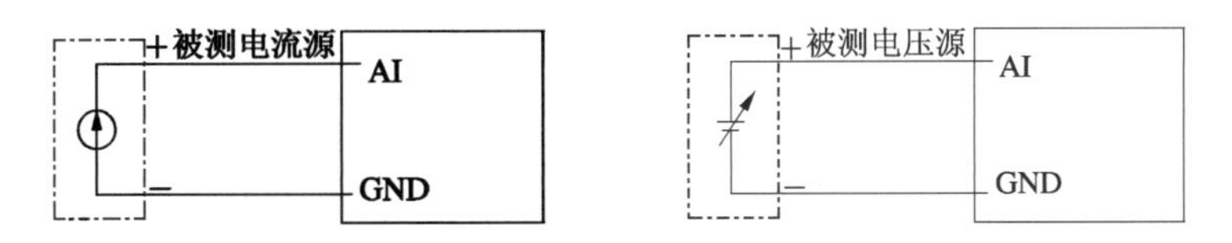

图 2-5-6　AI 通道测控端口类型

（2）输出接口

输出接口是把 DDC 运算、控制、分析处理后的结果输出为各种开关信号、模拟信号，以驱动现场的阀门、驱动器、执行器、低压电气元件等进行动作。其中，DO 为数字量输出信号，AO 为模拟量输出信号。

① DO 通道。DDC 可直接将数字量输出状态（“ON” 或 “OFF”）输出给 DO 通道，用来驱动继电器或接触器的线圈、电磁阀门的线圈、NPN 或 PNP 型三极管、晶闸管等。它们被用来控制如开关型阀门的开、闭，电机的启、停，照明灯的开、关等。DO 通道测控端口类型如图 2-5-7 所示。

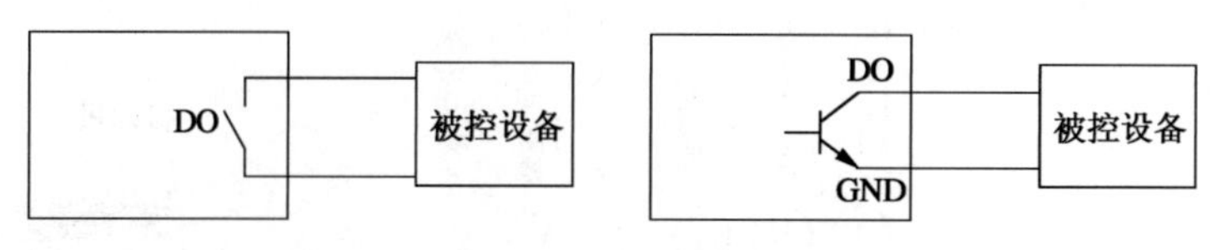

图 2-5-7　DO 通道测控端口类型

② AO 通道。DDC 可以将数值量的当前值经过 D/A 转换后输出给 AO 通道。转换后的信号变成了标准的工业仪表电信号。模拟量输出信号一般用来控制比例、伺服装置（如风阀或水阀）等。AO 通道测控端口类型如图 2-5-8 所示。

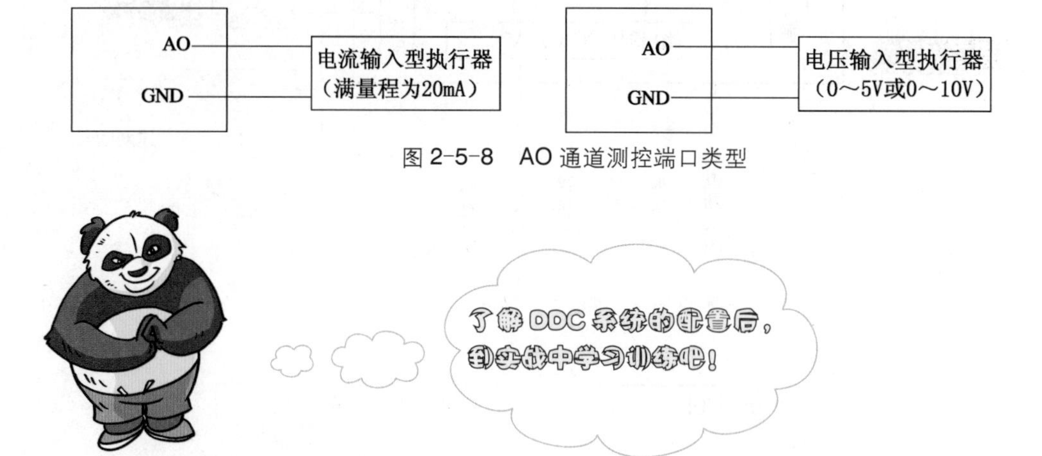

图 2-5-8　AO 通道测控端口类型

子任务三　组态软件的基本认知

在照明监控系统中，怎样才能使楼道、室内的照明状态更直观，操作更方便？

前面我们了解到，DDC 具有很强的功能，能够独立完成各种控制任务。但是同时也注意到这样一个问题：DDC 无法显示数据，没有漂亮的界面。这就要用到组态软件。

组态软件提供了人机交换的方式，它就像一面窗口，是操作人员与 DDC 之间进行对话的接口。利用组态软件与 DDC 连接，能够实时的将 DDC 采集上来的信息以动态画面的形式反映在计算机屏幕上，以此来实现对现场设备的实时监控。图 2-5-9 所示为一个典型的空调机组系统监控界面。

除此以外，组态软件还具有报警显示以及报表、曲线等功能，方便值班人员通过画面识读、数据管理、曲线查询、报表打印等来完成运行值班工作。图 2-5-10 及图 2-5-11 为利用组态软件生成的报表和曲线，可以看到，所有数据变量均可以报表和曲线的方式显示在监控画面上，值班人员可随时查询相关的数据。

力控监控组态软件是对现场生产数据进行采集与过程控制的专用软件，最大的特点是能以灵活多样的“组态方式”而不是编程方式来进行系统集成，它提供了良好的用户开发界面和简捷的工程实现方法，只要将其预设置的各种软件模块进行简单的“组态”，便可以非常容易地实现和完成上位机监控的各项功能。

力控监控组态软件基本的程序及组件包括：工程管理器、人机界面 VIEW、实时数据库

DB、I/O 驱动程序以及各种数据服务及扩展组件。主要组件的说明如下：

空调机组系统监控

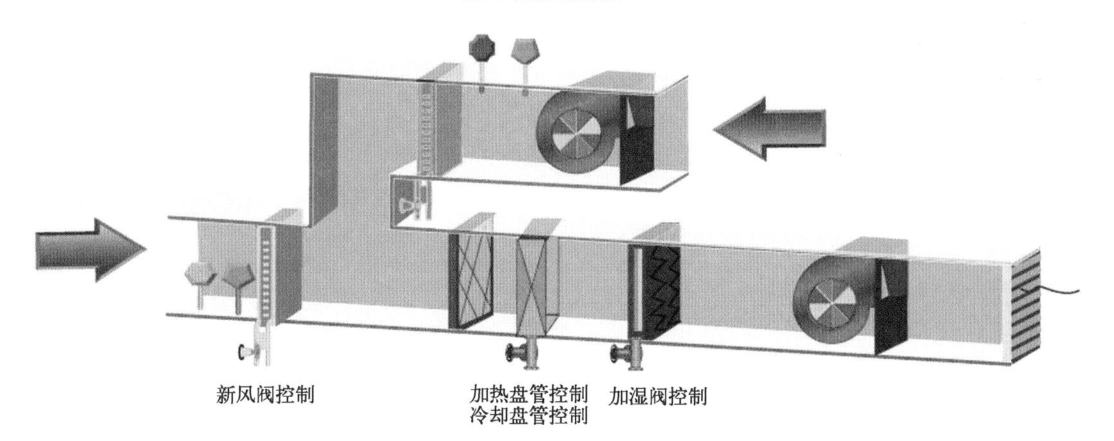

送风机故障报警：● 回风机故障报警：● 过滤网阻塞报警：● 送风机手自动状态：手动 回风湿度：0%
防冻开关状态：停止 回风机手自动状态：手动 送风温度：0℃ 回风温度：0℃ 送风湿度：0%

图 2-5-9 空调机组系统监控界面

序号	时间	变量名	变量说明	事件描述	操作站	日期
1	16:51:18.046	a1.PV		由 0变为 12	XUE	2007/05/17
2	16:51:20.220	a1.PV		由 12变为 13	XUE	2007/05/17
3	16:51:22.042	a1.PV		由 13变为 45	XUE	2007/05/17
4	16:51:24.055	a1.PV		由 45变为 67	XUE	2007/05/17
5	16:51:25.958	a1.PV		由 67变为 87	XUE	2007/05/17
6	16:51:28.842	a1.PV		由 87变为 98	XUE	2007/05/17

查询 刷新 打开 保存 打印 查询结果：过滤出6条符合条件的纪录，

图 2-5-10 运行环境数据查询

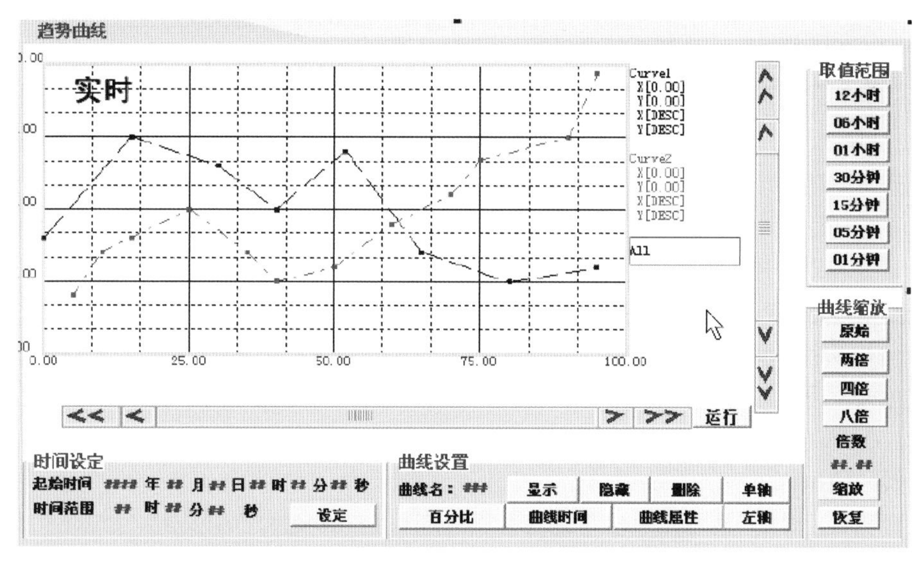

图 2-5-11 查询曲线

(1) 工程管理器

工程管理器(Project Manager)用于工程管理包括用于创建、删除、备份、恢复、选择工程等。软件界面如图 2-5-12 所示。

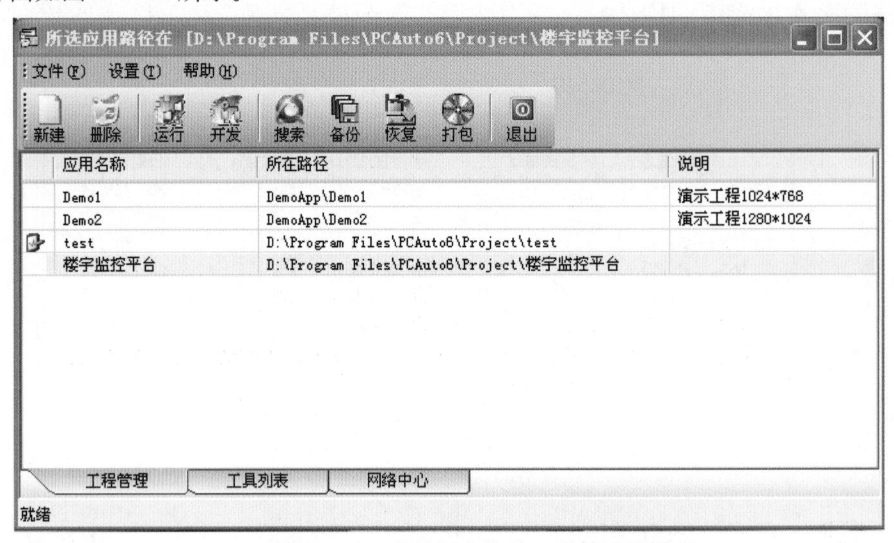

图 2-5-12　力控组态软件工程管理器界面

(2) 开发系统

开发系统 (Draw Systerm) 是一个集成环境，可以完成创建工程画面、配置各种系统参数、脚本、动画、启动力控其他程序组件等功能。软件界面如图 2-5-13 所示。

(3) 界面运行系统

界面运行系统 (View) 用来运行由开发系统创建的画面、脚本、动画连接等工程，操作人员通过它来实现实时监控。单击图 2-5-14 所示的按钮，系统就会进入图 2-5-15 所示的监控界面。

(4) 实时数据库

实时数据库 (DB) 是力控软件系统的数据处理核心，构建分布式应用系统的基础，它负责实时数据处理、历史数据存储、统计数据处理、报警处理、数据服务请求处理等，如图 2-5-16 所示。

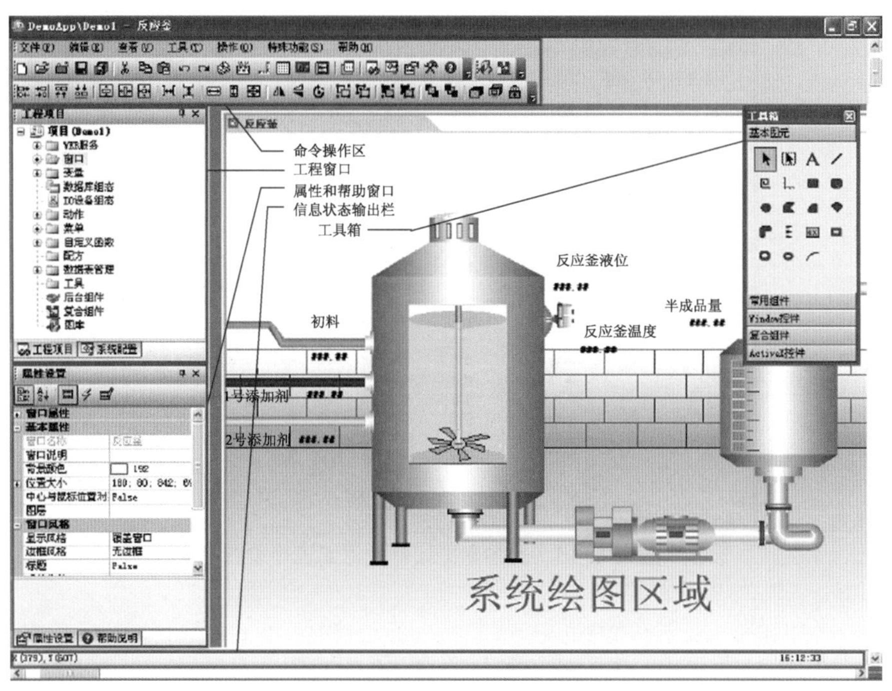

图 2-5-13　开发系统界面

图 2-5-14　软件界面工具条

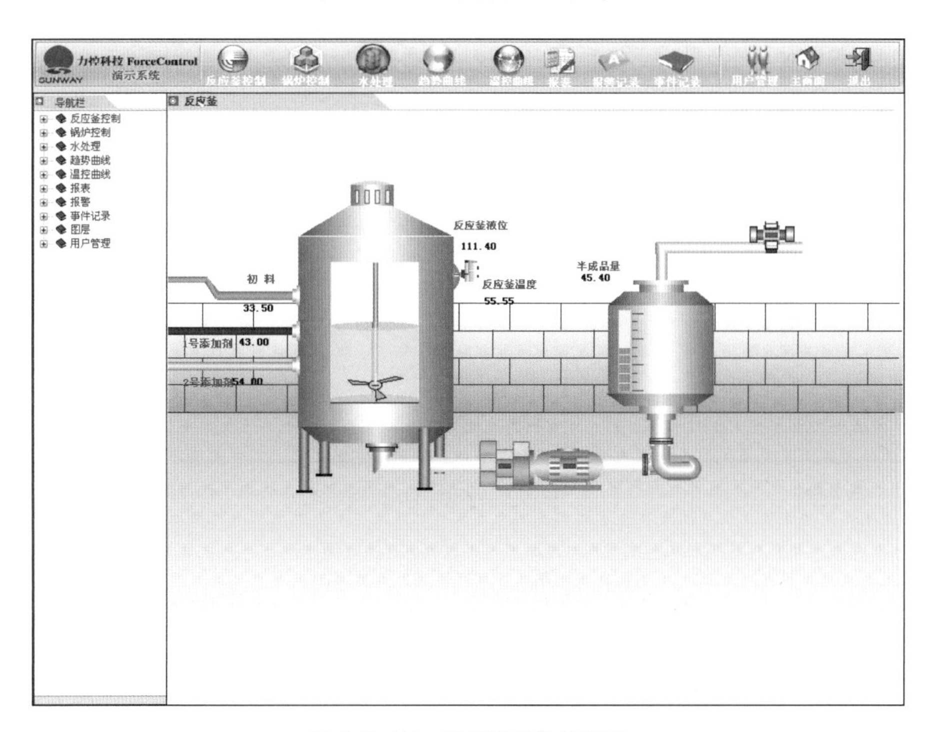

图 2-5-15　运行系统监控界面

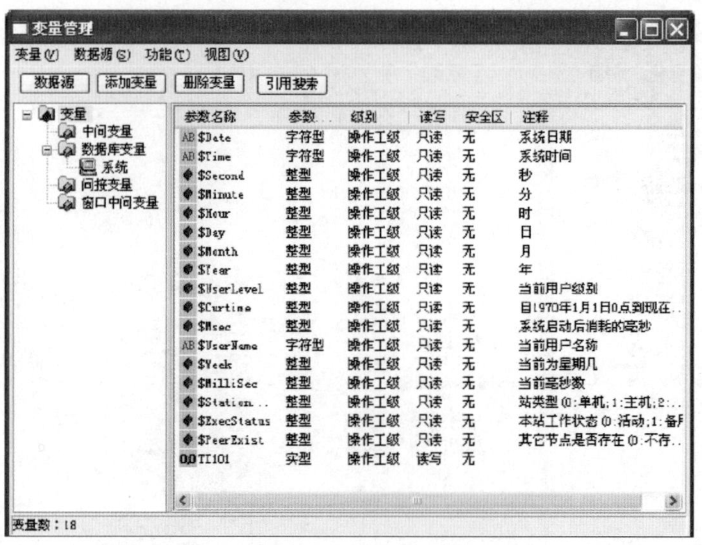

图 2-5-16　力控组态软件数据库管理窗口

（5）I/O 驱动程序

I/O 驱动程序（I/O Server）负责力控与控制设备的通信，它将 I/O 设备寄存器中的数据读出后，传送到力控的实时数据库，以使数据的变化在界面运行系统上通过监控画面动态显示。力控组态软件支持的 I/O 设备如图 2-5-17 所示。

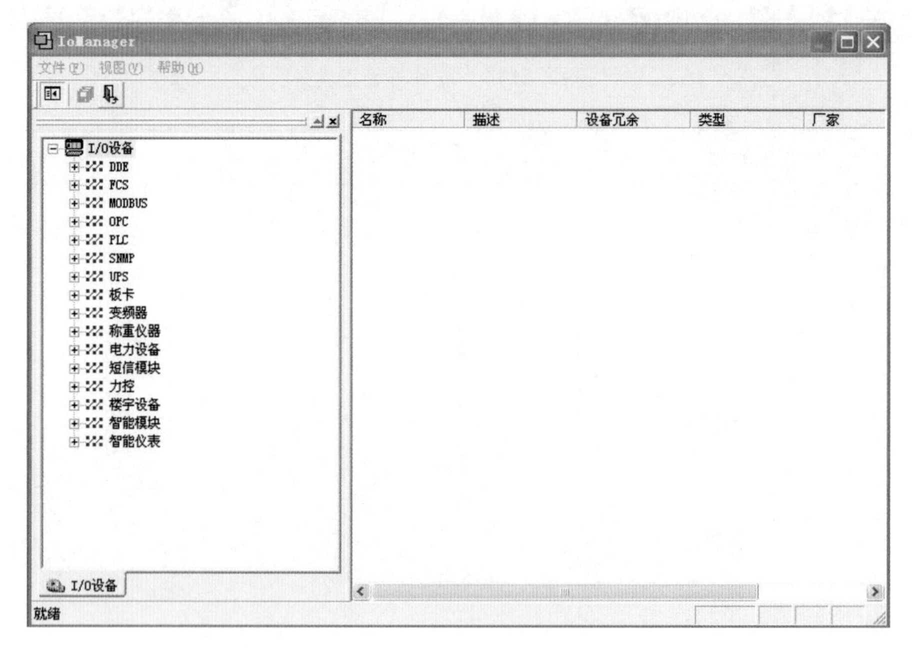

图 2-5-17　力控的 I/O 设备组态

知识归纳

集散控制系统中，DDC 作用是接收上行计算机的指令去控制输出，同时不断采集着现场的信息并反馈给上行计算机；上行计算机在整个过程中的监视与控制通过组态软件来完成。这就是集散控制系统中 DDC 与组态的关系。

任务六 基本工艺与规范

任务目标

1. 能够正确使用常用工具；
2. 认知配线基本工艺规范要求。

在前面了解了各个子任务在楼宇智能化系统中的应用后，是不是大家都跃跃欲试想要亲手在大赛的设备上安装调试操作一下了？先不要急！正所谓：工欲善其事，必先利其器。我们还要耐心学习下基本的技术工艺规范。

正所谓没有规矩，不成方圆。国有国法，家有家规。无论哪个行业领域，都有其行业的行为规范。所以，我们在做楼宇智能化系统安装与调试时也要注意遵守相关的技术工艺规范要求。

子任务一 常用工具的使用

只有对各种工具熟悉、了解之后，才可灵活运用，快速完成工作。不过，在安装调试时候会用到哪些工具，这些工具的作用又是什么，该怎么使用它们？各种工具说明如表 2-6-1 所示。

表 2-6-1 常用工具列表

工具名称	外形	功能
长柄十字螺钉旋具		拧紧或旋松头部带十字螺钉
小十字螺钉旋具		拧紧或旋松头部带十字螺钉
小一字螺钉旋具		拧紧或旋松头部带一字螺钉
电烙铁		焊接元件及导线，按功能可分为焊接用电烙铁和吸锡用电烙铁
焊锡丝		与电烙铁配合使用，用于导线的连接
双绞线压线钳		压接网线、电话线和水晶头
单用网线钳		压接网线、电话线和水晶头
剥线钳		用于塑料、橡胶绝缘电线、电缆芯线的剥皮
尖嘴钳		用于剪切线径较细的单股与多股线，以及给单股导线接头弯圈、剥塑料绝缘层等
斜口钳		用于剪切导线，元器件多余的引线，还常用来代替一般剪刀剪切绝缘套管、尼龙扎线卡等
细缆剥线钳		剥掉双绞线外部的绝缘层将网线穿过剥线刀轻轻旋转即可

续表

工具名称	外　形	功　　能
单线打线钳		把网线的 8 条芯线卡入信息模块的对应线槽中
五对打线钳		利用专用工具对导线和压接接线端子施以足够压力，使其产生塑性变形，从而达到可靠的电气连接
三角套筒		又称套筒扳手，当螺钉或螺母的尺寸较大或扳手的工作位置很狭窄，用弓形的手柄连续转动，工作效率较高
内六角扳手		专用于拧转内六角螺钉
万用表		可以用来测量电阻值，交直流电压和直流电压

子任务二　配线的工艺要求

具体的使用方法，在备战初期就不一一详细说明了。建议大家看光盘吧！而且在后面的实战练习中，也会具体学习使用。

认识这些工具了解它们的使用方法后，还需要掌握一些基本的规范要求。因为配线工程的质量大多数情况下是要靠现场的施工工艺来保证，一个配线工程能否顺利通过验收测试，很大程度上要取决于配线中的工艺水平。这里针对配线中的几个方面，简单介绍一下配线施工的工艺要求。

一、线槽管线的敷设

1．线槽

线槽（见图 2-6-1）按材料的不同划分为金属材料线槽和非金属材料线槽两大类。

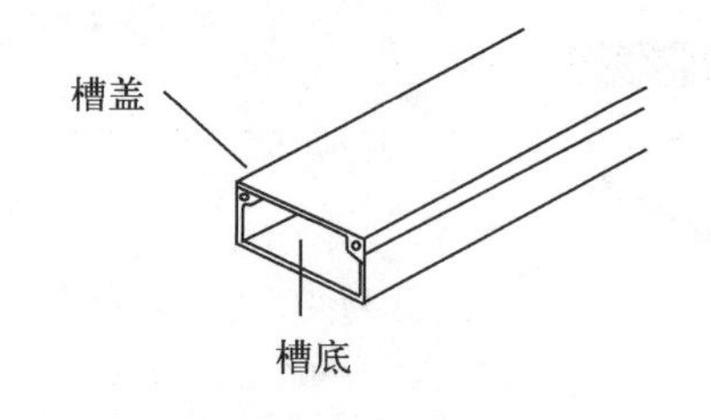

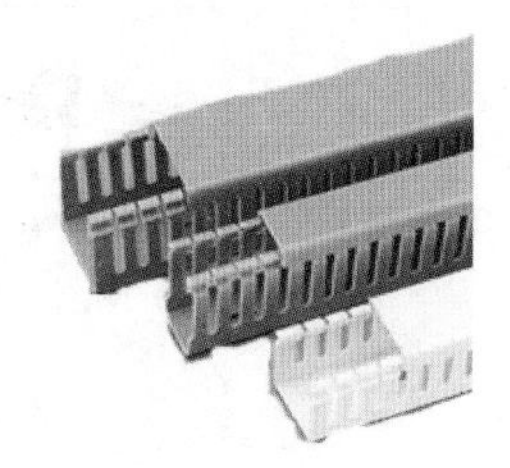

图 2-6-1　线槽

PVC 塑料线槽由槽底和槽盖组成，每根槽道长度一般为 2m，槽与槽连接时使用相应尺寸的铁板和螺钉固定。

金属槽道又称桥架，就是电缆在安装过程中，为了美观、安全等因素，将电缆放置在金属制成的带盖的槽中。与 PVC 塑料槽一样由槽底和槽盖组成。

应注意的问题：

① 线槽内有灰尘和杂物，配线前应先将线槽内的灰尘和杂物清净。

② 操作时应仔细地将盖板接口对好，避免盖板接口不严。

③ 线槽内的导线放置杂乱，配线时，应将导线理顺，绑扎成束。

④ 不同电压等级的电路放置在同一线槽内，操作时应按照图纸及规范要求操作。

⑤ 同电压等级的线路分开敷设。同一电压等级的导线应放在同一线槽内。

2．塑料管

塑料管分为两大类：即 PE 阻燃导管和 PVE 阻能导管。在这里只介绍 PE 阻燃导管。PE 阻燃导管是一种塑料半硬导管，外观为白色。具有强度高、耐腐蚀、挠性好、内壁光滑等优点，明、暗装穿线兼用，它以盘为单位。

明装就是直接在墙上固定，暗装就是墙先挖了线槽，将管道安装完后，用砂浆抹平，看不到管线，比较美观。具体明、暗装的要求如下。

3．线管的安装

(1) 明敷

所谓明敷就是用线卡子将线管固定在墙壁上、楼板下、槽道上或吊杆上。

①固定。图 2-6-2 标出了硬塑料管明敷的固定间距。

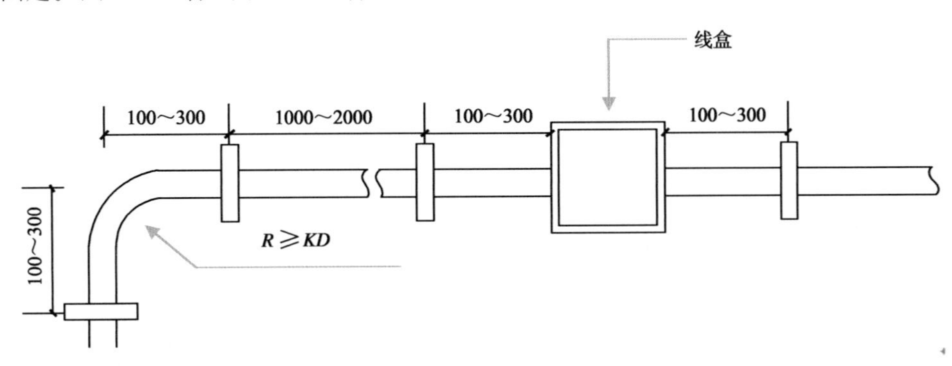

图 2-6-2　硬塑料管明敷的固定间距

注：D 为线管外径；K 为弯曲系数（管径小于 50mm 时不小于 6；管径大于 50mm 时不小于 10）。

不同管径的线管在进行直线敷设时，固定点的间距要求如表 2-6-2 所示。

表 2-6-2　硬塑料管直线敷设固定点间的最大距离

管内径 /mm	≤ 20	25 ～ 40	≥ 50
最大距离 /m	1.0	1.5	2.0

明管沿墙或楼板固定时，应先确定线管的路由，再确定固定点的位置，然后用电钻在墙上打孔，用塑料胀管将管卡子固定住，把线管压入管卡的开口处内部。

线管吊装敷设时，要先将吊杆按规定的间距用金属胀管固定在楼板下，然后再将线管固定在吊杆上，也可借用吊顶装修所用的轻钢龙骨吊杆进行线管固定。

多管敷设时，先在墙上或楼板下固定支架或吊架，再把夹板式管卡固定在支架或吊架上。

② 连接。硬塑料管的管与管之间或管与分线盒之间的连接一般用专用的管接头和管卡头，连接处结合面要涂专用胶合剂。

③ 分线盒。分线盒的主要作用是分线，但当线管敷设距离过长时，为了便于穿线，也要在相关位置设置分线盒。

- 无弯曲转角时，不超过 30m 需安装一个分线盒。
- 有一个弯曲转角时，不超过 20m 需安装一个分线盒。
- 有两个弯曲转角时，不超过 15m 需安装一个分线盒。

(2) 暗敷

硬塑料管的暗敷是指将线管直接埋入混凝土楼板或墙体中。预埋在墙体中间的暗管内径不宜超过 50mm，楼板中的暗管内径宜为 15 ～ 25mm。

暗敷的余下要求不一一详述啦，可以参看光盘哦！我们再来看看基本的配线工艺要求吧

二、配线的工艺要求

1．槽内放线的基本要求

先将导线放开抻直，捋顺后从始端到终端（先干线后支线）边放边整理，导线应顺直，不得有挤压、背扣、扭结和受损等现象。绑扎导线时应采用尼龙绑扎带，不允许采用金属丝进行绑扎。在接线盒处的导线预留长度不应超过 150mm。线槽内不允许出现接头，导线接头应放在接线盒内，从室内引进室外的导线在进入墙内一段用橡胶绝缘导线，严禁使用塑料绝缘导线。同时，穿墙保护管的外侧应有防水措施。

2．导线接线鼻子压接

线端头量出长度为线鼻子的深度，另加 5mm，剥去电缆芯线绝缘（见图 2-6-3），并在芯线上涂有电复合脂。

图 2-6-3　导线剥线图

电力复合脂（电接触导电膏）广泛应用于变电所、配电所中的母线与母线、母线与设备接线端子连接处的接触面和开关触头的接触面上，相同和不同金属材质的导电体（铜与铜、铜与铝、铝与铝）的连接均可使用，代替并优于紧固连接接触面的搪锡、镀银工艺，能较大地降低接触电阻（可降低 35%~95%），从而达到降低温升（可降低 35%~85%），提高母线连接处的导电性，减少电能损耗，还可避免接触面产生电化腐蚀。

将芯线插入接线鼻子内，用压线钳压紧接线鼻子，压接应在两道以上。

根据不同相位，使用黄、绿、红、淡蓝四色塑料带分别包缠电缆各芯线至接线鼻子的压接部位，如图 2-6-4 所示。

根据接线鼻子的型号选用螺栓，将电缆接线鼻子压接在设备上，注意应使螺栓由上向下或从内向外穿，平垫圈和弹簧垫圈应安装齐全。

3．导线与平压式接线柱连接

在螺钉平压式接线柱上接线时，如图 2-6-5 所示，单股芯线要根据螺钉的大小撇圈，一定要做满圈，严禁返圈压接盘圈，开口不得大于 2mm，同一接线柱上不得压接两根以上的导线。多芯硬线、多芯软线采用涮锡接线鼻子法与接线柱连接，要保证接线柱与线鼻子压配，弹簧垫、平垫齐全。

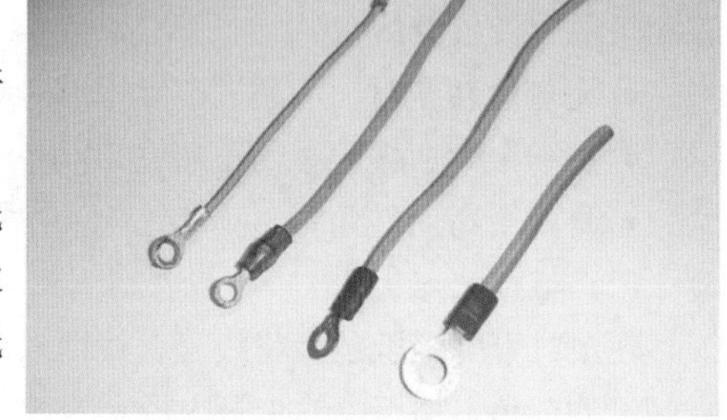

图 2-6-4　接线鼻子图

4．导线与针孔式接线柱连接

在针孔式接线柱上接线时，如果单股芯线与接线柱插线孔大小适宜，只要把芯线插入针孔，旋转螺钉即可；如果单股芯线较细，则要把芯线折成双根，再插入针孔，如图 2-6-6 所示；如果是多根细丝软芯线，必须先绞紧，再插入针孔，不可让细丝露在外面，以免发生短路事故。

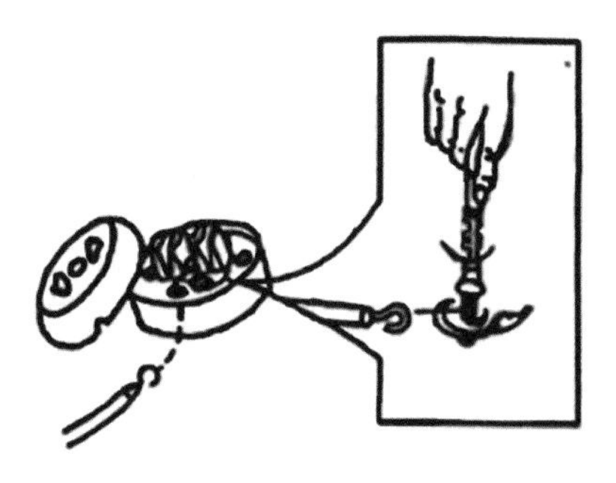

图 2-6-5　在螺钉平压式接线柱上接线

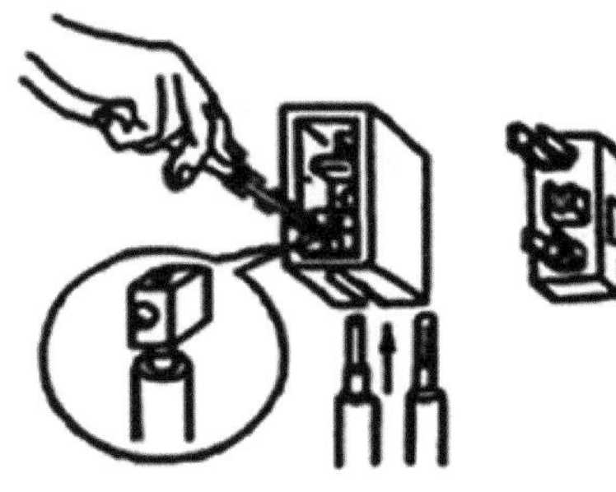

图 2-6-6　在针孔式接线柱上接线

知识归纳

楼宇智能化系统的安装工艺决定了系统的质量，本任务中仅仅对常用的工具和配线施工的基本工艺规范进行了简单介绍。实训训练中应严格按照国家相关标准来执行。查阅相关资料，进一步了解国家和行业关于智能楼宇系统安装调试的工艺规范和标准，永远要牢记“质量第一”！

第三篇 项目实战——THBAES 楼宇智能化子系统的安装与调试

经过“项目开篇”及“项目备战”两部分内容的学习后，进入“项目实战”阶段。在“项目实战”中，将以THBAES型楼宇智能化工程实训装置为依托，向大家介绍可视对讲门禁与室内安防系统、消防系统、视频监控及周边安防系统、综合布线系统和DDC控制系统的安装及调试知识。

任务一 可视对讲门禁与室内安防子系统的安装与调试

可视对讲门禁与室内安防系统综合了可视对讲、门禁及安防等三个系统的基本功能。目前，可视对讲门禁与室内安防系统在智能小区中得到了广泛的应用，为生活在智能小区中的业主提供了有力的安全保障。

任务目标

通过任务一的学习，可以掌握THBAES型楼宇智能化工程实训系统中可视对讲门禁与室内安防子系统的系统结构及系统工作原理，能够进行系统设备的安装及系统功能的调试。

子任务一　认知THBAES型楼宇智能化工程实训系统的可视对讲门禁与室内安防子系统

任务目标

1. 能够画出可视对讲门禁与室内安防子系统的系统结构；
2. 能够掌握系统中相关设备的功能及描述系统的工作原理。

可视对讲门禁与室内安防系统在目前的智能小区中是不可或缺的。整个系统又是怎样构成的呢？下面通过 THBAES 型楼宇智能化工程实训系统看一看。

图 3-1-1 展示了 THBAES 型楼宇智能化工程实训系统中可视对讲门禁与室内安防子系统的部分设备及布局。由于该子系统的设备非常多，而且安装位置比较散，在此无法用一张图片表现出系统的所有设备及设备的安装位置。如果要想进行更深一步的了解，请参看光盘中的内容。

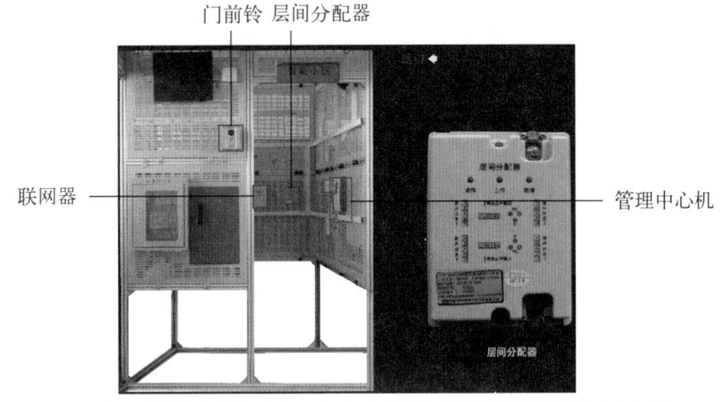

图 3-1-1　可视对讲门禁与室内安防子系统的部分设备及布局

为了便于大家理解，把 THBAES 型楼宇智能化工程实训系统中的可视对讲门禁与室内安防子系统按照功能拆分成可视对讲门禁及室内安防两部分进行分别介绍。

一、可视对讲门禁系统

图 3-1-2 所示为可视对讲门禁部分的相关设备及设备间的连接关系。

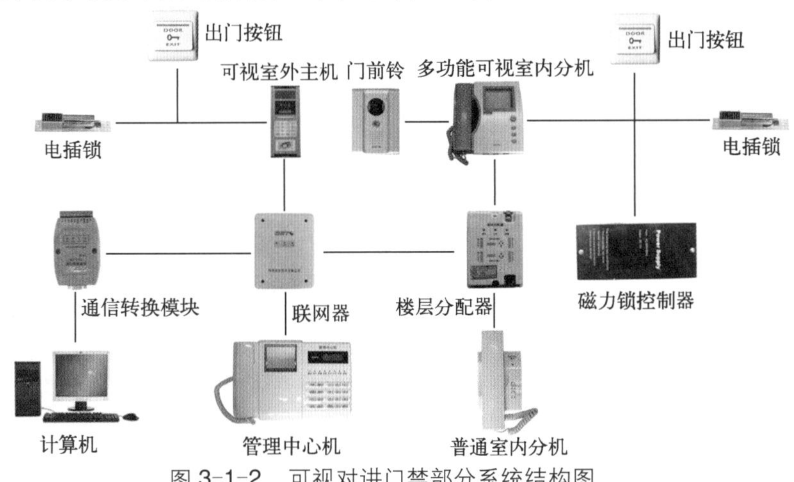

图 3-1-2　可视对讲门禁部分系统结构图

在可视对讲门禁部分的系统设备中，管理主机可实现与室内分机及门口主机的通话，并能观看到门口主机传过来的视频图像。室内分机能够将大门上的电磁锁打开，让访客进入。该系统能够实现住户间的通话，成为免费的内部电话；能够向管理主机发出求助信号，寻求保安的帮助。

在日常生活中，可能很少看到过门前铃。它一般安装在别墅的大门口，实现访客和别墅内人员的通话及别墅内人员对大门的控制。

住户可凭 ID 卡自由出入，如果忘记带门禁卡，还可通过门口主机与管理主机向保安求助，让保安在控制室将门打开。

二、室内安防系统

图 3-1-3 所示为室内安防部分的相关设备及设备间的连接关系。

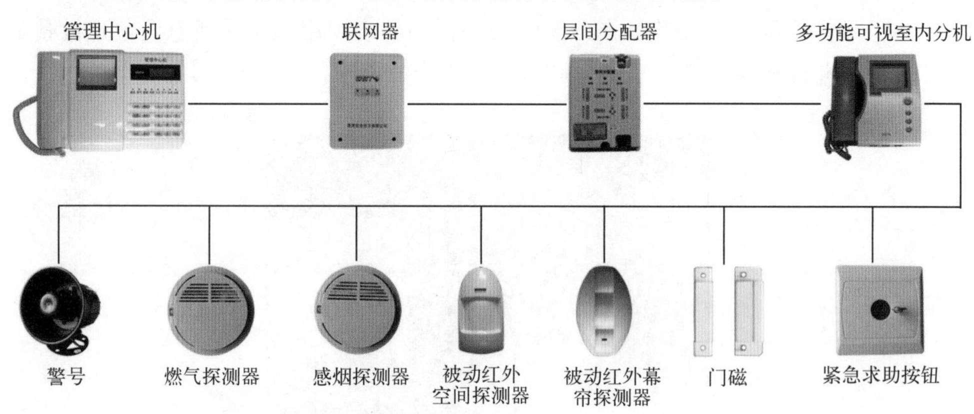

图 3-1-3 室内安防部分系统结构图

THBAES 型楼宇智能化工程实训系统中配置的室内安防系统能够实现可燃气体泄漏报警、火灾报警、入侵报警及人工报警，并在报警信号发出时启动可视对讲分机及安装在室内的警号发出声响，以提醒室内人员。同时，报警信号也会经过系统传输到管理主机，通知控制室的保安人员采取相应措施。

以上仅是对 THBAES 型楼宇智能化工程实训系统中的可视对讲门禁与室内安防子系统的简单介绍，如果想做进一步的了解，可以仔细研读配套光盘中的相关内容。

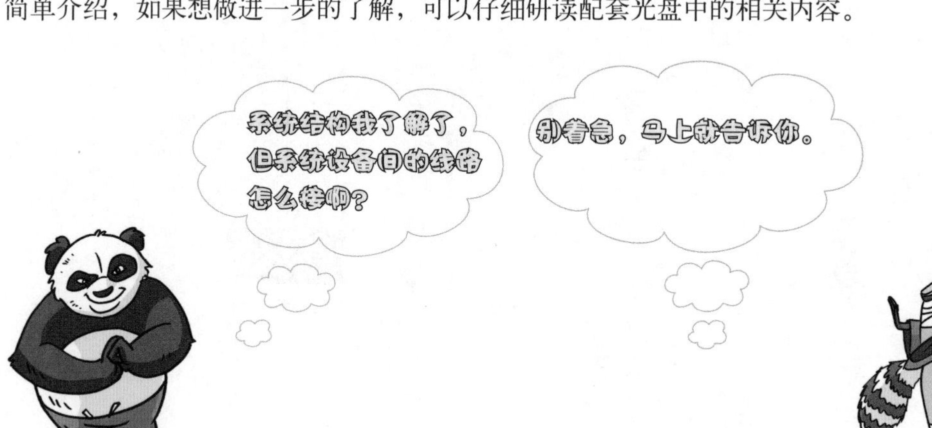

子任务二　可视对讲门禁与室内安防子系统的组建

任务目标

1. 掌握可视对讲门禁与室内安防子系统设备相关连接端口的功能；
2. 画出系统接线图。

一、系统设备端口介绍

子任务一介绍了 THBAES 型楼宇智能化工程实训系统可视对讲门禁与室内安防子系统的系统结构。要想了解系统设备之间是如何进行线路连接的，就要先清楚每个系统设备都有哪些接线端口，每个接线端口传输的是什么信号。

1. GST-DJ6406型管理中心机

GST-DJ6406 型管理中心机接线端子示意图如图 3-1-4 所示。

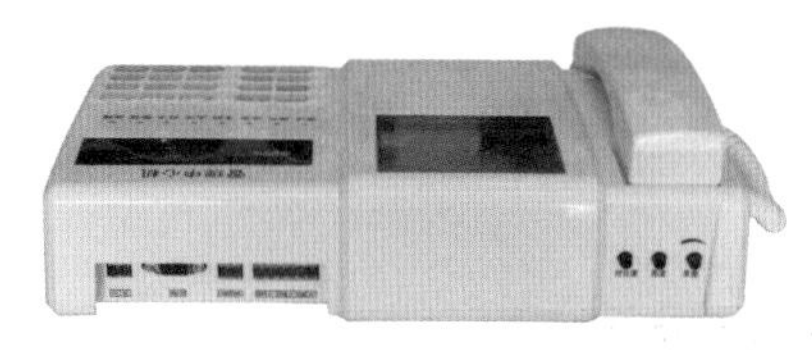

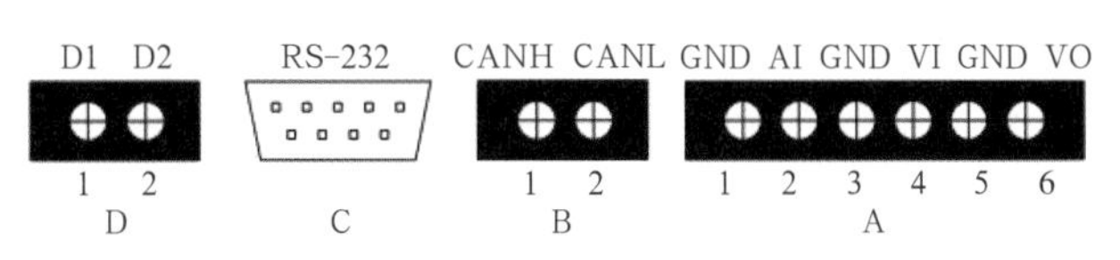

图 3-1-4　GST-DJ6406 型管理中心机接线端子示意图

GST-DJ6406 型管理中心机接线端子接线说明如表 3-1-1 所示。

表 3-1-1　GST-DJ6406 型管理中心机接线端子接线说明

端口号	序　号	端子标识	端子名称	连接设备名称	说　明
端口 A	1	GND	地	室外主机或矩阵切换器	音频信号输入端口 视频信号输入端口
	2	AI	音频入		
	3	GND	地		
	4	VI	视频入		
	5	GND	地	监视器	视频信号输出端，可外接监视器
	6	VO	视频出		
端口 B	1	CANH	CAN 正	室外主机或矩阵切换器	CAN 总线接口
	2	CANL	CAN 负		
端口 C	1 ~ 9		RS-232	计算机	RS-232 接口，接上位计算机
端口 D	1	D1	18V 电源	电源箱	给管理中心机供电，18V 无极性
	2	D2			

2. GST-DJ6106CI-FB型欧式数码彩色可视室外主机

GST-DJ6106CI-FB 型欧式数码彩色可视室外主机接线端子示意图如图 3-1-5 所示。

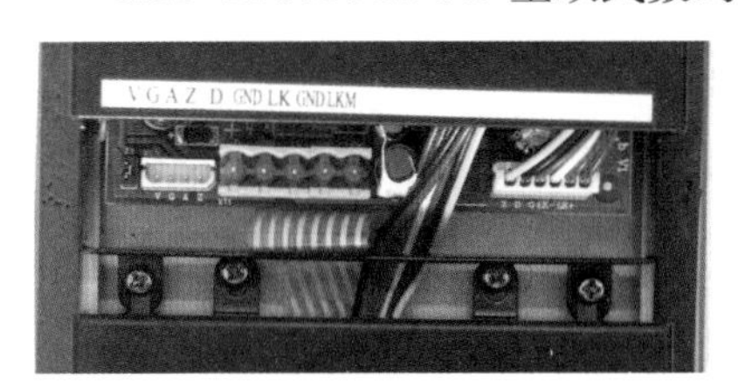

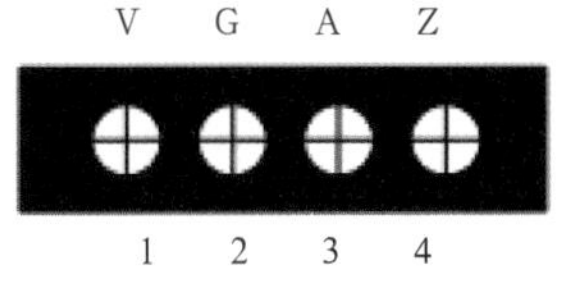

D GND LK GND LKM

1 2 3 4 5

电源端子

图 3-1-5　GST- DJ6106CI-FB 型欧式数码彩色可视室外主机接线端子示意图

GST-DJ6106CI-FB 型欧式数码彩色可视室外主机接线端子接线说明如表 3-1-2 所示。

表 3-1-2　GST-DJ6106CI-FB 型欧式数码彩色可视室外主机接线端子接线说明

电 源 端 子			
端 子 序 号	端 子 标 识	端 子 名 称	与总线层间分配器连接关系
1	D	电源	电源 +18V
2	G	地	电源端子 GND
3	LK	电控锁	接电控锁正极
4	G	地	接锁地线
5	LKM	电磁锁	接电磁锁正极
1	V	视频	接联网器室外主机端子 V
2	G	地	接联网器室外主机端子 G
3	A	音频	接联网器室外主机端子 A
4	Z	总线	接联网器室外主机端子 Z

3．GST-DJ6825C型多功能壁挂室内分机

GST-DJ6825C 型多功能壁挂室内分机接线端子示意图如图 3-1-6 所示。

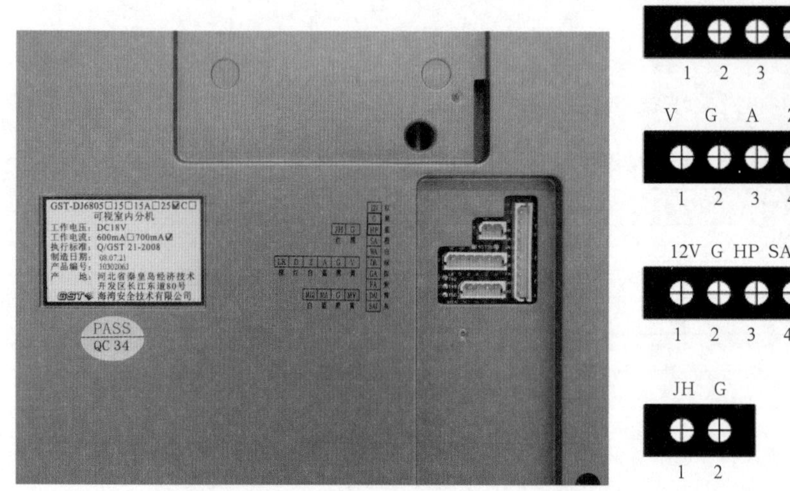

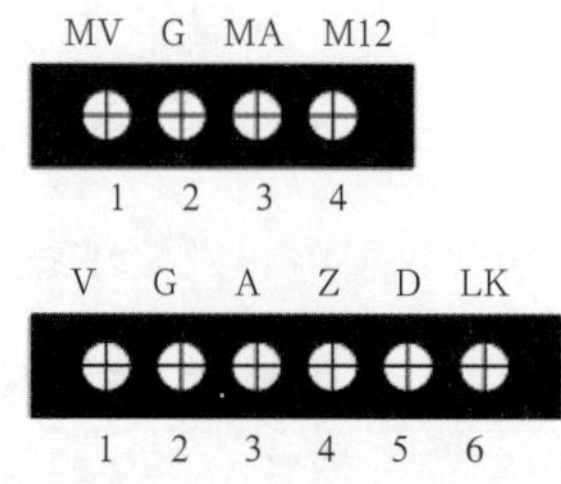

JH G
1 2

图 3-1-6　GST- DJ6825C 型多功能壁挂室内分机接线端子示意图

GST- DJ6825CI 型欧式数码彩色可视室外主机接线端子接线说明见表 3-1-3。

表 3-1-3　GST- DJ6210C 型多功能壁挂室内分机接线端子接线说明

端口号	端子序号	端子标识	端子名称	连接设备名称	连接设备端口号	连接设备端子号	说　明
主干端口	1	V	视频	层间分配器/门前铃分配器	层间分配器分支端子/门前铃分配器主干端子	1	单元视频/门前铃分配器主干视频
	2	G	地			2	地
	3	A	音频			3	单元音频/门前铃分配器主干音频
	4	Z	总线			4	层间分配器分支总线/门前铃分配器主干总线
	5	D	电源	层间分配器	层间分配器分地端子	5	室内分机供电端子
	6	LK	开锁	住户门锁		6	对于多门前铃，有多住户门锁，此端子可空置

续表

端口号	端子序号	端子标识	端子名称	连接设备名称	连接设备端口号	连接设备端子号	说 明
门前铃端口	1	MV	视频	门前铃	门前铃	1	门前铃视频
	2	G	地			2	门前铃地
	3	MA	音频			3	门前铃音频
	4	M12	电源			4	门前铃电源
安防端口	1	12V	安防电源	室内报警设备	外接报警器、探测器电源	各报警前端设备的相应端子	给报警器、探测器供电，供电电流100 ≤ mA
	2	G	地				地
	3	HP	求助		求助按钮		紧急求助按钮接入口常开端子
	4	SA	防盗		红外探测器		
	5	WA	窗磁		窗磁		
	6	DA	门磁		门磁		
	7	GA	燃气探测		燃气泄漏		
	8	FA	感烟探测		火警		
	9	DAI	立即报警门磁		门磁		
	10	SAI	立即报警防盗		红外探测器		
警铃端口	1	JH	警铃		警铃电源	外接警铃	
	2	G	地				

4. GST-DJ6209型普通壁挂室内分机

GST-DJ6209 型普通壁挂室内分机接线端子示意图如图 3-1-7 所示。

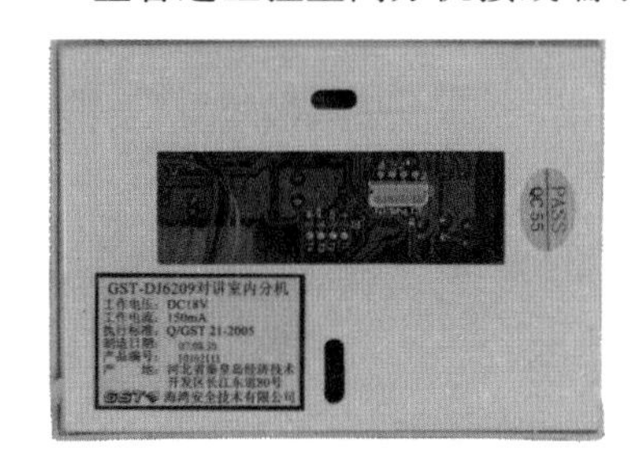

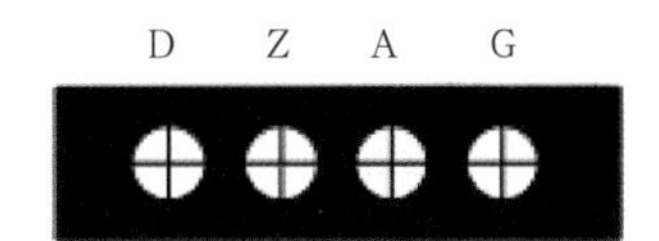

图 3-1-7　GST-DJ6209 型普通壁挂室内分机接线端子示意图

GST-DJ6209 型普通壁挂室内分机接线端子接线说明如表 3-1-4 所示。

表 3-1-4　GST-DJ6209 型普通壁挂室内分机接线端子接线说明

端子序号	端子标识	端子名称	连接设备名称	连接设备端口号	连接设备端子号	说 明
1	G	地	层间分配器	层间分配器分支端子	2	地
2	A	音频			3	单元音频
3	Z	总线			4	总线
4	D	电源			5	室内分机供电端子

5. GST-DJ6508型门前铃

GST-DJ6508 型门前铃接线端子示意图如图 3-1-8 所示。

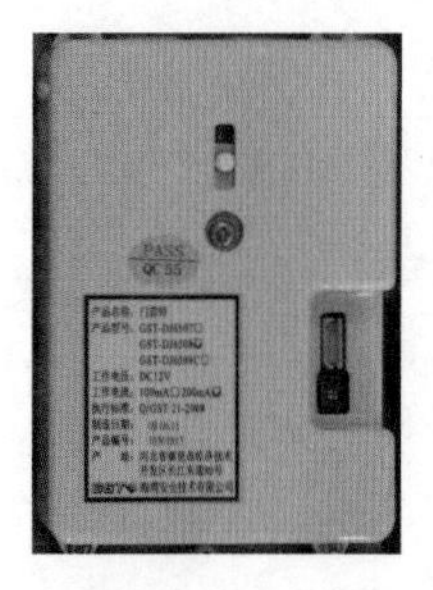

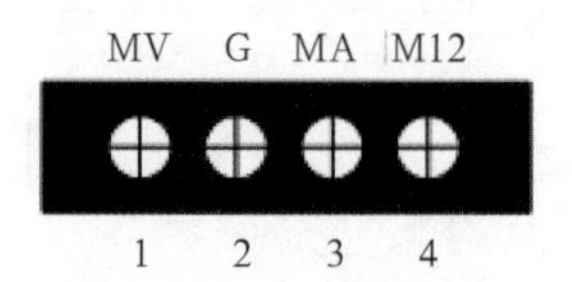

图 3-1-8　GST-DJ6508 型门前铃接线端子示意图

GST-DJ6508 型门前铃接线端子接线说明如表 3-1-5 所示。

表 3-1-5　GST-DJ6508 型门前铃接线端子接线说明

端子序号	端子标识	端子名称	连接设备名称	连接设备端口号	连接设备端子号	说　明
1	MV	视频	多功能可视室内分机	门前铃端口	1	视频
2	G	地			2	地
3	MA	音频			3	音频
4	M12	电源			4	电源

6. GST-DJ6327B型联网器

GST-DJ6327B 型联网器接线示意图如图 3-1-9 所示。

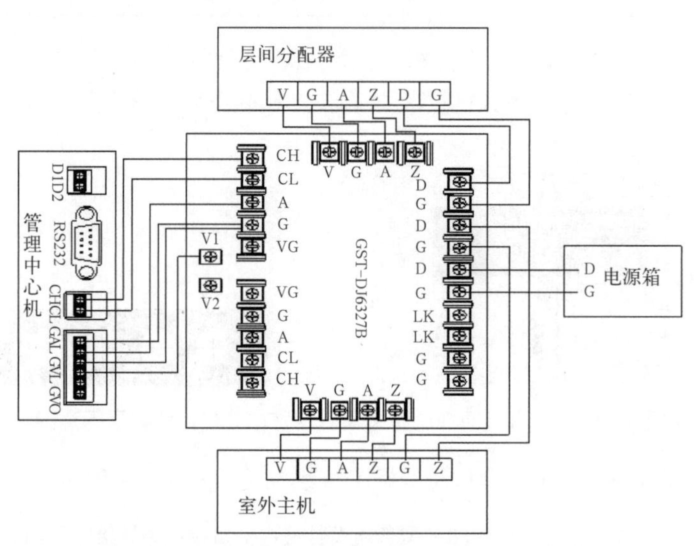

图 3-1-9　GST-DJ6327B 型联网器接线示意图

GST-DJ6327B 型联网器对外接线端子说明如表 3-1-6 所示。

表 3-1-6　GST-DJ6327B 型联网器对外接线端子接线说明

外网端子 (XS1)			
端子序号	端子标识	端子名称	连接关系 (OUTSIDE)
1	V1	视频 1	接外网通信接线端子 V1(1)
2	V2	视频 2	接外网通信接线端子 V2(2)

续表

外网端子（XS1）			
端 子 序 号	端 子 标 识	端 子 名 称	连接关系（OUTSIDE）
3	G	地	接外网通信接线端子 G(3)
4	A	音频	接外网通信接线端子 A(4)
5	CL	CAN 总线	接外网通信接线端子 CL(5)
6	CH	CAN 总线	接外网通信接线端子 CH(6)
室内方向端子(XS2)			
端 子 序 号	端 子 标 识	端 子 名 称	连接关系（USER1）
1	V	视频	接单元通信端子 V(1)
2	G	地	接单元通信端子 G(2)
3	A	音频	接单元通信端子 A(3)
4	Z	总线	接单元通信端子 Z(4)
室外方向端子(XS3)			
端 子 序 号	端 子 标 识	端 子 名 称	连接关系（USER2）
1	V	视频	接室外主机通信接线端子 V(1)
2	G	地	接室外主机通信接线端子 G(2)
3	A	音频	接室外主机通信接线端子 A(3)
4	Z/M12	总线	接室外主机通信接线端子 Z(4) 或门前铃的电源端子 M12
电源端子(XS4)			
端 子 序 号	端 子 标 识	端 子 名 称	连接关系（POWER）
1	D+	电源	电源 D
2	D-	地	电源 G

7. SW12-3X型磁力锁控制器

SW12-3X 型磁力锁控制器接线端子示意图如图 3-1-10 所示。

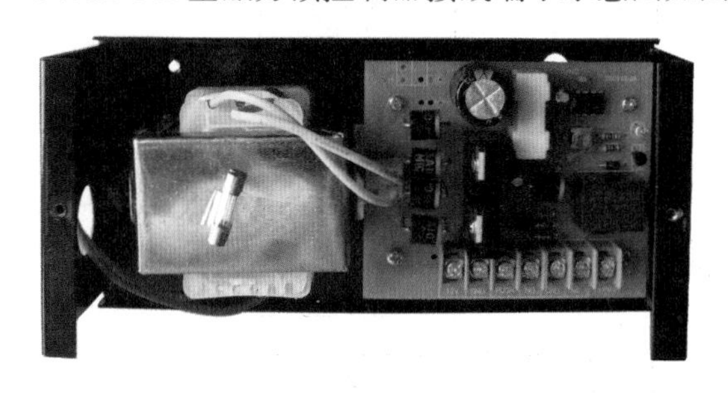

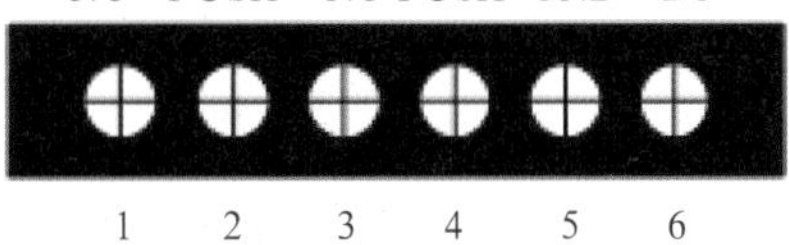

图 3-1-10　SW12-3X 型磁力锁控制器接线端子示意图

8. K-7110(18V)型通信转换模块

K-7110(18V) 型通信转换模块的接口定义如下：

RS-232通信接口：RXD、TXD、GND。

RS-485通信接口：RX+、RX-。

DC 18V供电电源接口：V+、V-。

5V供电电源接口：VCC、GND。

CAN通信接口：CANH、CANL。

二、系统接线图

图 3-1-11 所示为可视对讲门禁与室内安防子系统的系统接线图（可参考使用）。

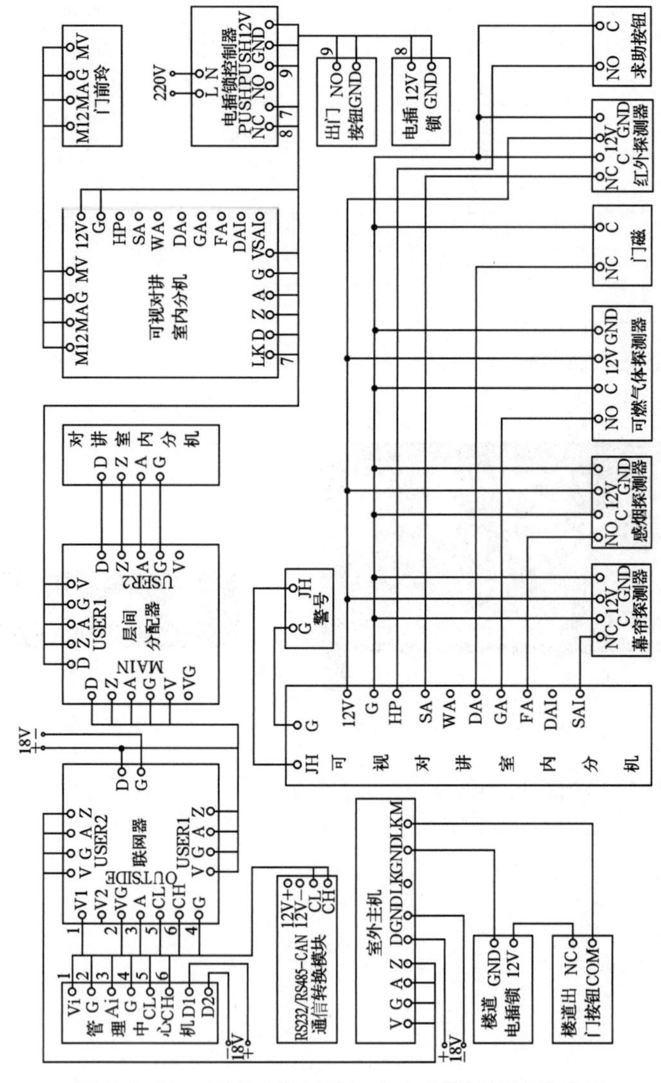

图 3-1-11　可视对讲门禁与室内安防子系统接线图

子任务三　可视对讲门禁与室内安防子系统的安装与调试训练

任务目标

1. 能够叙述可视对讲门禁与室内安防子系统实现的系统功能；
2. 掌握系统设备的安装方法；
3. 掌握系统设备的参数设置方法；
4. 掌握操作系统设备实现系统功能的方法。

在本任务中，将进行可视对讲门禁与室内安防子系统装调的技能训练。

下面的知识非常关键，
千万不能掉以轻心哦。

1. 任务描述

在技能实训之前，先了解一下这个技能实训需要完成哪些任务。

(1) 安装任务

① 将系统设备正确安装在“智能小区”和“管理中心”区域内。

② 进行系统布线，完成系统设备与导线的连接。

(2) 调试任务

① 实现室外主机对室内分机的呼叫、对讲（可视对讲）及开锁功能。

② 实现 ID 卡的注册及刷卡开锁功能。

③ 实现密码开锁功能。

④ 实现室内安防的布防及撤防功能。

⑤ 实现对讲门禁软件的管理功能。

要想知道具体的任务要
求就再看看光盘吧。

2. 施工流程

为了能够高效率地完成可视对讲门禁与室内安防子系统装调的技能训练，在进行技能训练之前，应该制定出一个完整的施工步骤流程（见图 3-1-12），并在实训中遵照执行。

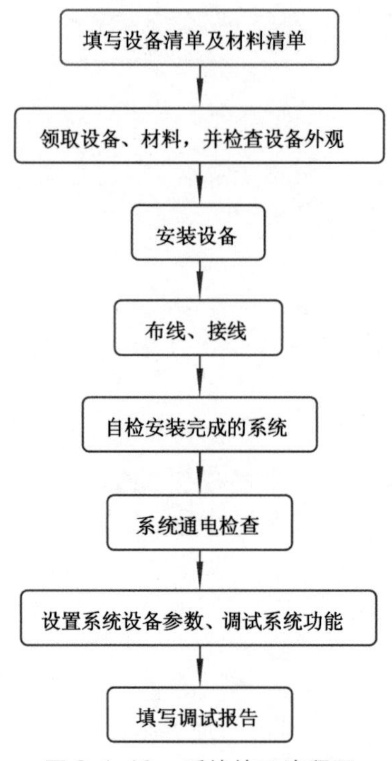

图 3-1-12　系统施工流程图

3. 设备、材料及系统工具清单

可视对讲门禁与室内安防子系统设备、材料、系统工具清单分别如表 3-1-7、表 3-1-8、表 3-1-9 所示。

表 3-1-7　可视对讲门禁与室内安防子系统设备清单

序　号	名　称	型　号	数　量	备注（产地）
1	门前铃	GST-DJ6508	1 只	
2	多功能可视室内分机	GST-DJ6825C	1 只	
3	普通壁挂室内分机	GST-DJ6209	1 部	
4	层间分配器	GST-DJ6315B	1 只	
5	欧式数码可视室外主机	GST-DJ6106CI-FB	1 只	
6	室外主机安装盒	GST-DJ-ZJYM	1 只	
7	联网器	GST-DJ6327B	1 只	
8	管理中心机	GST-DJ6406	1 台	
9	通信转换模块	K7110（18V）	1 只	
10	电插锁	EC200B	2 只	
11	出门按钮	R86KL1-6B Ⅱ	2 只	
12	磁力锁控制器	SW12-3X	1 只	
13	家用紧急求助按钮	HO-01B	1 只	
14	被动红外空间探测器	DS820iT-CHI	1 只	
15	门磁	HO-03	1 对	
16	燃气探测器	LH-94（Ⅱ）	1 只	
17	感烟探测器	LH-88（Ⅱ）	1 只	
18	被动红外幕帘探测器	DC12V	1 只	
19	警号	ES-626	1 只	

表 3-1-8　可视对讲门禁与室内安防子系统材料清单

序　号	名　称	型　号	数　量	备注（产地）
1	电源线			
2	信号线			
3	视频线			
4	PVC 线槽			
5	螺钉、螺母、垫片			
6	焊锡丝			
7	热缩管			
8	尼龙扎带			

表 3-1-9　可视对讲门禁与室内安防子系统工具清单

序　号	名　称	型　号	数　量	备注（产地）
1	偏口钳			
2	尖嘴钳			
3	剥线钳			
4	同轴电缆剥线器			
5	4mm 套筒			
6	一字螺钉旋具			
7	十字螺钉旋具			
8	万用表			
9	手锯			

4. 设备安装要求

在进行可视对讲门禁与室内安防子系统装调技能训练之前，要仔细阅读系统设备的安装方法，以避免在安装中由于不规范操作而损坏设备。

下面介绍该子系统主要设备的安装步骤。

下面介绍系统主要设备的安装步骤。
简单设备的安装就自己解决吧！

(1) 彩色可视室外主机的安装

图3-1-13所示为彩色室外主机安装过程分解图。安装步骤如下：

① 门上开好孔位（已开好）；

② 把线缆连接在端子和线排上，然后插接在室外主机上；

③ 把室外主机和嵌入后备盒放置在门板的两侧，用螺钉牢固固定；

④ 盖上室外主机上、下方的小盖。

(2) 多功能可视室内分机的安装

多功能可视室内分机需安装在专用的背板上。安装时先将背板固定在网孔板上，然后将信号线与室内分机接好，最后将室内分机挂在背板上，多功能可视室内分机安装示意图如图 3-1-14 所示。

图 3-1-13　彩色室外主机安装过程分解图

图 3-1-14　多功能可视室内分机安装示意图

（3）门前铃的安装

门前铃的安装过程如图 3-1-15 所示，其安装步骤如下：

① 用螺栓把底盒固定在网孔板上；

② 将线连接在端子和线排上，然后插接在门前铃上；

③ 用两个螺钉从侧面将门前铃固定在底盒上。

图 3-1-15　门前铃的安装过程图

5. 可视对讲门禁与室内安防子系统的调试

系统设备按照要求安装完成并接线完毕后，就要进行系统的功能调试。系统调试的过程是系统功能参数设置的过程，也是发现系统的接线有无问题的过程。在实际工程中，只有调试合格的系统才能进行验收。

在进行系统调试之前，要记住先仔细阅读相关设备的使用说明，再按照系统功能要求编制出来调试步骤。

（1）GST-DJ6106CI-FB 可视室外主机的调试。

GST-DJ6106CI-FB 可视室外主机的调试过程简图如图 3-1-16 所示。

图 3-1-16　GST-DJ6106CI-FB 可视室外主机调试过程简图

① 室外主机地址设置。

给室外主机通电，若数码管有滚动显示的数字或字母，则说明室外主机工作正常。

持续按“设置”键，直到数码显示屏显示[F3]，按“确认”键，显示[____]，正确输入系统密码（原始系统密码为200406）后显示[---_]，输入室外主机新地址（1～9），然后按“确认”键，即可设置新室外主机的地址。

② 室内分机地址设置。

按“设置”键，直到数码显示屏显示[F2]，按“确认”键，显示[____]，正确输入系统密码后显示[S_On]，进入室内分机地址设置状态。此时室内分机摘机等待3s后可与室外主机通话，数码显示屏显示室内分机当前的地址。然后按“设置”键，显示[____]，按数字键，输入室内分机地址（1～8 999），按“确认”键，显示[LISn]，等待室内分机应答。15s内接到应答闪烁显示新的地址码。

③ 联网器楼号单元号设置。

按“设置”键，直到数码显示屏显示[F2]，按“确认”键，显示[____]，正确输入系统密码后显示[S_On]，进入室内分机地址设置状态。此时室内分机摘机等待3s后可与室外主机通话（或室外主机直接呼叫室内分机，室内分机摘机与室外主机通话），数码显示屏显示室内分机当前的地址。然后按“设置”键，显示[____]，按数字键，输入室内分机地址，按“确认”键，显示[LISn]，等待室内分机应答。15s内接到应答闪烁显示新的地址码，否则显示[nrSP]，表示室内分机没有响应。2s后，数码显示屏显示[S_On]，可继续进行分机地址的设置。

注意：*在室内分机地址设置状态下，若不进行按键操作，数码显示屏将始终保持显示[S_On]，不自动退出。连续按下“取消”键，可退出室内分机地址的设置状态。*

（2）GST-DJ6825C型可视室内分机的调试

按下室内分机上的“#”键，听到一短声提示音后松开，按“0”键，“🔇”（工作灯）红绿闪亮、“🏠”（布防灯）闪亮，提示输入超级密码（默认超级密码为620818）。输入超级密码后，按“#”键确认，进入调试状态。

进入调试状态后，若室内分机被设置为接受呼叫只振铃不显示图像模式，“✉”（短信灯）亮。按照下列步骤进行调试。

步骤1：按“1”键，更改自身地址。地址必须为4位，由0～9数字键组合。若输入的是有效地址，按“#”键有一声长音提示室内分机更改为新地址；若输入的地址无效或小于4位，按“#”键，则有快节奏的声音提示错误；若想继续更改地址，需再按一下“1”键，然后重新进行此步骤操作；

步骤2：按“2”键，设置显示模式。按一次，显示模式改变一次。“✉”（短信灯）亮时，室内分机设置为接受呼叫只振铃不显示图像模式；“✉”（短信灯）不亮时，室内分机为正常显示模式。

步骤3：按“3”键，与一号室外主机可视对讲。要进行此项调试时，需先退出步骤4状态。如正在步骤4状态可按“6”键退出，再按“3”键进入此项调试。

步骤4：按“4”键，与一号门前铃可视对讲。要进行此项调试时，需先退出步骤3状态。如正在步骤3状态可按“6”键退出，再按“4”键进入此项调试。

步骤5：按“5”键，恢复出厂撤防密码。

步骤6：按“6”键，正在可视对讲时，结束可视对讲。

步骤7：按“*”键，退出调试状态。

(4) GST-DJ6406型管理中心机的调试

① 自检。正确连接电源、CAN总线和音视频信号线，按住“确认”键通电，进入自检程序。按“确认”键系统进入自检状态，按其他任意键退出自检。如果所有检测都通过，说明此管理机基本功能良好。

注意：在自检过程中若在30s内没有按键操作，则自动退出自检状态。

② 设置地址。GST-DJ6406可视对讲系统最多可以支持9台管理中心机，地址为1～9。如果系统中有多台管理中心机，管理中心机应该设置不同地址，地址从1开始连续设置，具体设置方法如下：

a.在待机状态下按“设置”键，进入系统设置菜单，按“◀”或“▶”键选择“设置地址？”菜单；

b.按“确认”键，要求输入系统密码。

c.正确输入系统密码。

d.按“确认”键进入管理中心机地址设置。

e.输入需要设置的地址值（1～9），按“确认”键，管理中心机存储地址，恢复音视频网络连接模式为手拉手模式，设置完成退出地址设置菜单。

图3-1-17所示为进行地址设置时管理中心机显示屏的状态。

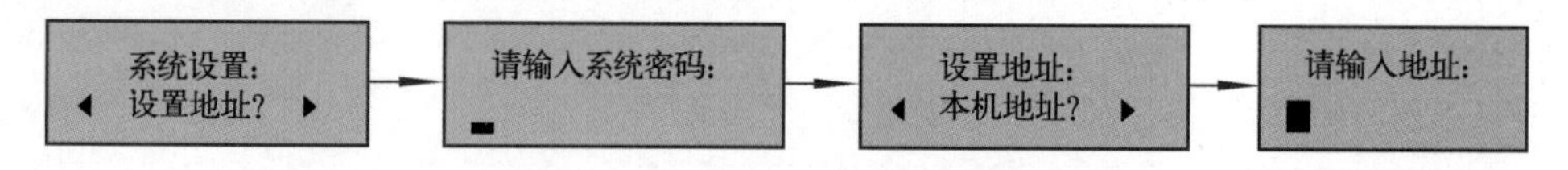

图3-1-17 设置管理中心机地址

注意：管理中心机出厂时默认系统密码为“1234”；管理中心机出厂地址设置为1。

③ 系统联调。完成系统的配置以后可以进行系统的联调。

摘机，输入“楼号+‘确认’+单元号+‘确认’+950X+‘呼叫’”，呼叫指定单元的室外主机，与该机进行可视对讲。如能接通音视频，且图像和话音清晰，那么表示系统正常，调试通过。

6. 可视对讲门禁与室内安防子系统的使用及操作

(1) GST-DJ6825C型可视室内分机的使用及操作

GST-DJ6825C型可视室内分机的使用及操作内容如下。

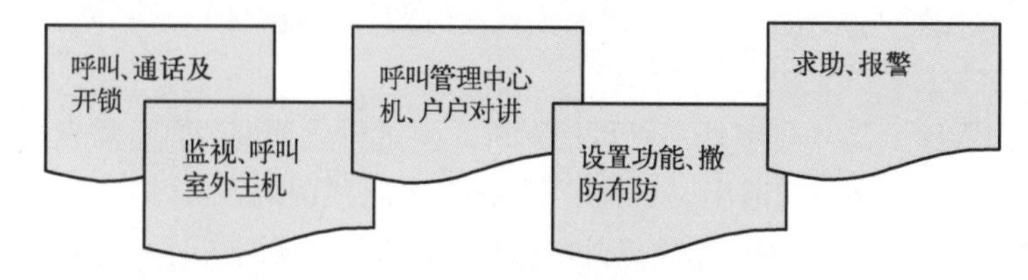

图3-1-18 GST-DJ6825C型可视室内分机的使用及操作内容

① 呼叫、通话及开锁。室内分机振铃且“”（工作灯）绿色、“”（短信灯）闪亮时，可摘机通话，并显示来访者的图像。按“”（开锁）键，可打开对应的电锁。

② 监视。摘机/挂机时，按“”（监视）键，显示本单元室外主机的图像。若室内分机带有门前铃，按下“”（监视）键2s（有一短声提示音），监视门前铃图像。

③ 呼叫室外主机。室内分机摘机后，按“”（开锁）键两秒钟（有一短声提示音），室内分机呼叫室外主机。

④ 呼叫管理中心。室内分机摘机后，按“”（呼叫）键，呼叫管理中心机。

⑤ 户户对讲。室内分机摘机，按小键盘上“#”键，“”（工作灯）亮；输入房间号，按下“#”键，可呼叫本单元住户；输入栋号单元号房间号，按下“#”键，呼叫连网其他单元的室内分机。

⑥ 设置功能。室内分机挂机时，按“”（短信）键两秒（有一短声提示音），室内分机进入设置状态，“”（短信灯）快闪。

在设置状态下

- 按“”（呼叫）键，进入设置铃声状态。
- 按“”（监视）键，进入设置是否免打扰状态。
- 按“”（短信）键，退出设置状态。

⑦ 撤防布防操作。

a. 布防操作。按“外出布防”键，进入外出预布防状态，“”（布防灯）快闪，延时60s进入外出布防状态，此时“”（布防灯）亮。

注意：在室内分机进入外出预布防状态后，要尽快离开红外报警探测区，并关好门窗，否则1min到后将触发红外报警或门窗磁报警。

按“居家布防”键，进入居家布防状态，“”（布防灯）亮。在居家布防状态，若按“外出布防”键，则进入外出预布防状态。在外出布防状态，按“居家布防”键需输入撤防密码。

b. 撤防操作。在“布防”状态，按“撤防”键进入撤防状态，“”（布防灯）慢闪，输入撤防密码。按“#”键，若听到一声长音提示，则表示已退出当前的布防状态。

c. 撤防密码更改。待机状态，按下“撤防”键2s（有一短声提示音），进入撤防密码更改状态，“”（布防灯）慢闪。输入原密码并按“#”键，若密码正确，听到两声短音提示，可输入新密码，按“#”键，听到两声短音提示再次输入新密码，再按“#”键，会听到一声长音提示，表示密码修改成功，启用新的撤防密码。出厂默认没有密码。密码为6位数字。

注意：密码由0～9十个数字构成，密码可以是0～6位。出厂默认没有密码。

⑧ 紧急求助操作。按下室内分机扩带的紧急求助键，求助信号可上传到管理中心机，管理中心机报求助警并显示紧急求助的室内分机号，“”（工作灯）红绿色闪亮2min。

⑨ 安防报警。室内分机具有报警接口，支持感烟探测器、红外探测器、门磁、窗磁和可燃气体探测器的报警。当检测到报警信号，室内分机则向管理中心报相应的警情，相应指示灯变亮，响报警音3min。

若要清除报警声音、警铃声音，则进行如下操作：

a. 未布防时，按“*”键，报警声音、警铃声音停止。

b. 布防时，室内分机撤防后，报警声音、警铃声音停止。

⑩ 密码、地址初始化。设置方法：按住“”（呼叫）键后，给可视室内机重新通电，听到提示音后按住“”（开锁）键 2s（有一短声提示音），室内分机地址恢复为默认地址 101，撤防密码初始化为默认密码。

（2）GST-DJ6209 室内分机的使用及操作

GST-DJ6209 室内分机的使用及操作内容如图 3-1-19 所示。

图 3-1-19 GST-DJ6209 室内分机的使用及操作内容

① 呼叫及通话。室内分机振铃时（免打扰状态下不振铃，仅指示灯闪亮），摘机可与室外主机或管理中心机或同户室内分机通话。室内分机振铃或通话时，按“开锁”键可打开对应单元门的电锁，室内分机振铃时按下“开锁”键，室内分机停止振铃，摘机可正常通话。

② 呼叫室外主机。对讲室内分机待机状态下，摘机 3s 后，自动呼叫地址为 9501 的室外主机，可与室外主机对讲。

③ 呼叫管理中心。摘机后按“保安”键，可呼叫管理中心机。

④ 地址初始化。室内分机处于挂机状态，并按住“保安”键，给对讲室内机重新上电。听到提示音后，按住“开锁”键 3s，当听到提示音后松开”开锁“键，室内分机地址便恢复为默认地址 101。

（3）GST-DJ6106CI-FB 室外主机的使用及操作

GST-DJ6106CI-FB 室外主机的使用及操作内容如图 3-1-20 所示。

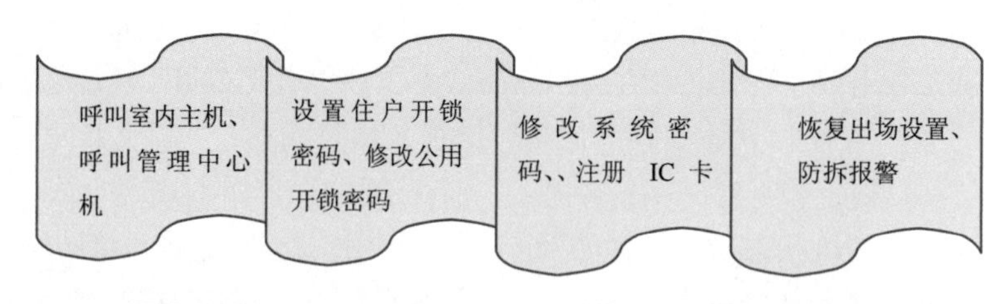

图 3-1-20 GST-DJ6106CI-FB 室外主机的使用及操作内容

① 室外主机呼叫室内分机。输入“门牌号”＋“呼叫”键或“确认”键或等待 4s，可呼叫室内分机。

② 室外主机呼叫管理中心。按“保安”键，数码显示屏显示[CALL]，等待管理中心机应答，接收到管理中心机的应答后显示[CHAr]，此时管理中心机已经接通，双方可以进行通话。

③ 住户开锁密码设置。按“设置”键，直到数码显示屏显示[F1]，按“确认”键，显示[----]，输入门牌号，按“确认”键，显示[----]，等待输入系统密码或原始开锁密码（无原始开锁密码时只能输入系统密码），按“确认”键，正确输入系统密码或原始开锁密码后，显示[P1]，按任意键或 2s 后，显示[----]，输入新密码。

按“确认”键，显示[P2]，按任意键或 2s 后显示[----]，再次输入新密码，按“确认”键，显示[SUCC]，开锁密码设置成功，两秒后显示[F1]。

注意：

- 门牌号由4位组成，用户可以输入1～8 999之间的任意数。
- 开锁密码长度可以为1～4位。
- 每个住户只能设置一个开锁密码。
- 用户密码初始为无。

④ 公用开门密码修改。按“设置”键，直到数码显示屏显示[F6]，按“确认”键，显示[----]，正确输入系统密码后显示[P1]，按任意键或2s后显示[----]，输入新的公用密码，按“确认”键，显示[P2]，按任意键或2s后显示[----]，再次输入新密码，按“确认”键，显示[SUCC]，表示公用密码已成功修改。

⑤ 系统密码修改。按“设置”键，直到数码显示屏显示[F5]，按“确认”键，显示[----]，正确输入系统密码后显示[P1]，按任意键或2s后显示[----]，然后输入新密码，按“确认”键，显示[P2]，按任意键或2s后显示[----]，再次输入新密码，按“确认”键，显示[SUCC]，表示系统密码成功修改。

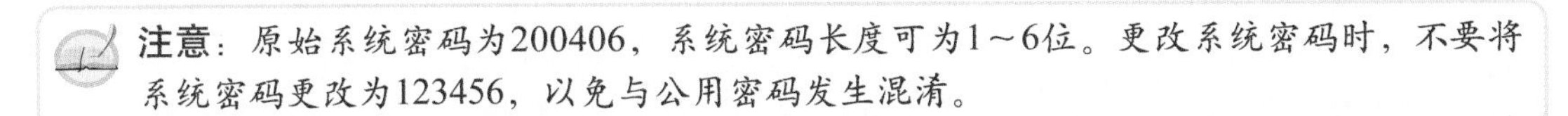

注意：原始系统密码为200406，系统密码长度可为1～6位。更改系统密码时，不要将系统密码更改为123456，以免与公用密码发生混淆。

⑥ 注册IC卡。按“设置”键，直到数码显示屏显示[F8]，按“确认”键，显示[----]，正确输入系统密码后显示[Fn1]，输入房间号＋“确认”键＋卡的序号（即卡的编号，允许范围1～99）＋“确认”键，显示[-E6]后，刷卡注册。

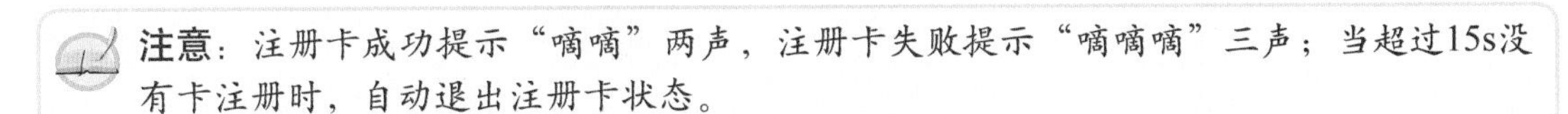

注意：注册卡成功提示“嘀嘀”两声，注册卡失败提示“嘀嘀嘀”三声；当超过15s没有卡注册时，自动退出注册卡状态。

⑦ 住户密码开门。输入“门牌号”＋“密码”键＋“开锁密码”＋“确认”键，门打开，数码显示屏显示并有声音提示。

⑧ 胁迫密码开门。如果用户在输入的密码末位数加1(如果末位为9,加1后为0,不进位)，则作为胁迫密码处理。此时门被打开，但系统在管理中心机发出胁迫报警信号。

⑨ 公用密码开门。按“密码”键＋“公用密码”＋“确认”键。系统默认的公用密码为“123456”。

⑩ 恢复系统密码。按住“8”键后，给室外主机重新通电，直至显示，系统密码恢复成功。

⑪ 恢复出厂设置。按住“设置”键后，给室外主机重新加电，直至显示，松开按键，等待显示消失，表示恢复出厂设置。

⑫ 防拆报警功能。当室外主机在通电期间被非正常拆卸时，向管理中心机报防拆报警。

(4) GST-DJ6406管理中心机的使用及操作

GST-DJ6406管理中心机的使用及操作内容如图3-1-21所示。

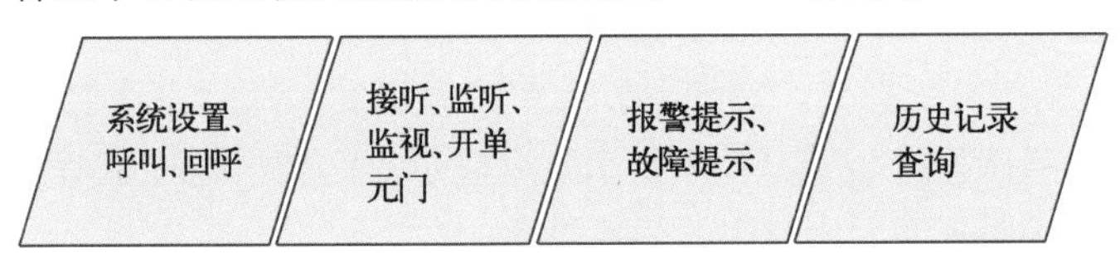

图3-1-21　GST-DJ6406管理中心机的使用及操作内容

① 系统设置。

系统设置采用菜单逐级展开的方式，主要包括密码管理、地址、日期时间、液晶对比度调节、自动监视、矩阵、中英文界面等。在待机状态下，按“设置”键进入系统设置菜单。

菜单的显示操作采用统一的模式，显示屏的第一行显示主菜单名称，第二行显示子菜单名称，按“◀”或“▶”键，在同级菜单间进行切换；按“确认”键选中当前的菜单，进入下一级菜单；按“清除”返回上一级菜单。

管理中心机设置两级操作权限，系统操作员可以进行所有操作，普通管理员只能进行日常操作。一台管理中心机只能有一个系统操作员，最多可以有 99 个普通管理员，

普通管理员可以由系统操作员进行添加和删除。输入管理员密码时要求输入“管理员号＋‘确认’＋密码＋‘确认’”。若三次系统密码输入错误，退出。

注意：系统密码是长度为4～6位的任意数字组合，出厂时默认系统密码为1234。管理员密码由管理员号和密码两部分构成，管理员号可以是1～99，密码是长度为0～6位的任意数字组合。

② 呼叫。

a．呼叫单元住户。在待机状态摘机，输入“楼号＋‘确认’＋单元号＋‘确认’＋房间号＋‘呼叫’”，呼叫指定房间。其中房间号最多为 4 位。

b．回呼。管理中心机最多可以存储 32 条被呼记录，在待机状态按“通话”键，进入被呼记录查询状态，按“◀”或“▶”键，可以逐条查看记录信息，此过程中按“呼叫”键或者“确认”键，回呼当前记录的号码。在查看记录过程中，按数字键，输入“楼号＋‘确认’＋单元号＋‘确认’＋房间号＋‘呼叫’”，可以直接呼叫指定的房间。

c．接听。听到振铃声后，摘机与小区门口、室外主机或室内分机进行通话，其中与小区门口或室外主机通话过程中，按“开锁”键，可以打开相应的门。通话过程中有呼叫请求进入，管理机响“叮咚”提示音，闪烁显示呼入号码，用户可以按“通话”键、“确认”键或“清除”键，挂断当前通话，接听新的呼叫。

③ 手动监视、监听。在待机状态下，输入“楼号＋‘确认’＋单元号＋‘确认’＋门号＋‘监视’”进行监视，监视指定单元门口的情况。

如果输入“楼号＋‘确认’＋单元号＋‘确认’＋ 950X ＋‘监视’”，则可监视、监听相应门口的情况。

④ 开单元门。在待机状态下，按“‘开锁’＋管理员号（1）＋‘确认’＋管理员密码（123）”＋楼号＋‘确认’＋单元号＋ 9501+‘确认’或“‘开锁’＋系统密码＋‘确认’＋楼号＋‘确认’＋单元号＋ 9501+‘确认’”，均可以打开指定的单元门（9501）。

⑤ 报警提示。在待机状态下，室外主机或室内分机若采集到传感器的异常信号，广播发送报警信息。管理中心机接到该报警信号，显示屏上行显示报警序号和报警种类，序号按照报警发生时间的先后排序。

⑥ 故障提示。在待机状态下，室外主机或室内分机发生故障，通信控制器广播发送故障信息，管理中心机接到该故障信号，立即显示故障提示的信息。此时显示屏上行显示故障的序号和故障类型，序号按照故障发生时间的先后排序。

⑦ 历史记录查询。历史记录查询和系统设置类似，也是采用菜单逐级展开的方式，包括报警记录、开门记录、巡更记录、运行记录、故障记录、呼入记录和呼出记录等子菜单。在待机状态下，按“查询”键进入历史记录查询菜单。

7. 系统常见故障分析

在进行系统调试的过程中经常会发现系统出现故障，下面将几个系统主要设备发生故障时的现象、造成故障的可能原因及故障排除方法进行介绍，可在进行系统调试中进行系统故障分析试时参考。

(1) 可视对讲室内分机故障分析

可视对讲室内分机故障分析如表 3-1-10 所示。

表 3-1-10 可视对讲室内分机故障分析

序 号	故 障 现 象	故 障 原 因 分 析	排 除 方 法
1	开机指示灯不亮	电源线未接好	接好电源线
2	无法呼叫或无法响应呼叫	1．通信线未接好 2．室内分机电路损坏	1．接好通信线 2．更换室内分机
3	被呼叫时没有铃声	1．扬声器损坏 2．处于免扰状态	1．更换室内分机 2．恢复到正常状态
4	室外主机呼叫室内分机或室内分机监视室外主机时显示屏不亮	1．显示模组接线未接好 2．显示模组电路故障 3．室内分机处于节电模式	1．检查显示模组接线 2．更换室内分机 3．系统电源恢复正常，显示屏可正常显示
5	能够响应呼叫，但通话不正常	音频通道电路损坏	更换室内分机

(2) 门前铃故障分析

门前铃故障分析如表 3-1-11 所示。

表 3-1-11 门前铃故障分析

序 号	故 障 现 象	故 障 原 因 分 析	排 除 方 法
1	按呼叫键无呼叫信号	门前铃电路损坏	更换门前铃
2	无图像显示	通信线路故障或门前铃损坏	更换门前铃
3	不能进行通话		

(3) 室外主机故障分析

室外主机故障分析如表 3-1-12 所示。

表 3-1-12 室外主机故障分析

序 号	故 障 现 象	故 障 原 因 分 析	排 除 方 法
1	住户看不到视频图像	视频线没有接好	重新接线，将视频输入和视频输出线交换
2	住户听不到声音	音频线没有接好	重新接线，将音频输入和音频输出线交换
3	按键时 LED 数码管不亮，没有按键音	无电源输入	检查电源接线
4	刷卡不能开锁或不能巡更	卡没有注册或注册信息丢失	重新注册
5	室内分机无法监视室外主机	室外主机地址不为 1	重新设定室外主机分机地址，使其为 1
6	室外主机一旦通电就报防拆报警	防拆开关没有压住	重新安装室外主机

(4) 管理中心机故障分析

管理中心机故障分析如表 3-1-13 所示。

表 3-1-13　管理中心机故障分析

序　号	故障现象	故障原因分析	排除方法
1	液晶无显示，且电源指示灯不亮	1. 电源电缆连接不良 2. 电源坏	1. 检查连接电缆 2. 更换电源
2	电源指示灯亮，液晶无显示或黑屏	1. 液晶对比度调节不合适 2. 液晶电缆接触不良	1. 调节对比度 2. 检查连接电缆
3	呼叫时显示通讯错误	1. 通信线接反或没接好 2. 终端没有并接终端电阻	1. 检查通信线连接 2. 接好终端电阻
4	显示接通呼叫，但听不到对方声音	1. 音频线接反或没接好 2. 矩阵没有配置或配置不正确	1. 检查音频线连接 2. 检查矩阵配置，重新配置矩阵
5	显示接通呼叫，但监视器没有显示	1. 视频线接反或没有接好 2. 矩阵切换器没有配置或配置不正确	1. 检查视频线连接 2. 检查网络拓扑结构设置和矩阵配置，重新配置矩阵
6	音频接通后自激呼叫	1. 扬声器音量调节过大 2. 麦克输出过大 3. 自激调节电位器调节不合适	1. 将扬声器音量调节到合适位置 2. 打开后壳，调节麦克电位器（XP2）到合适位置 3. 打开后壳，调节自激电位器（XP1）到合适位置
7	按键音常鸣	键帽和面板之间进入杂物导致死键	清除杂物

知识、技能归纳

进行可视对讲门禁与室内安防子系统的装调技能训练，对系统的结构和功能有了更深入的理解，并能够掌握系统相关设备的安装规范，线路的敷设、连接技能，系统设备的参数设置技能及系统调试、操作技能。

工程素质培养

通过查阅设备生产厂家的设备使用说明书及 THBAES 型楼宇智能化工程实训系统使用手册，对该子系统及系统设备的使用进行更深一步的理解，对系统功能进行全面的开发。

附表　可视对讲门禁与室内安防子系统的装调技能训练考核评分表

序　号	重点检查内容	评分标准	分　值	得　分	备　注
器件安装：共 30 分		器件安装得分：			
1	管理中心机安装	器件选择正确、安装位置正确、器件安装后无松动	3.5		
2	室外主机安装		3.0		
3	多功能室内分机安装		3.0		

续表

序号	重点检查内容	评分标准	分值	得分	备注
4	门前铃安装		2.0		
5	普通室内分机安装		1.5		
6	联网器安装		2.5	2.5	
7	层间分配器安装		2.5	2.5	
8	电插锁（小区）安装		2.5	2.5	
9	通讯转换模块安装		1.5	1.5	
10	门磁开关		1.5	1.5	
11	家用紧急求助按钮		1.5	1.5	
12	被动红外空间探测器		1.5	1.5	
13	被动红外幕帘探测器	器件选择正确、安装位置正确、器件安装后无松动	1.5	1.5	
14	燃气探测器		1.0	1.0	
15	感烟探测器		1.0	1.0	
小计					
功能要求：共50分		功能要求得分：			
1	室外主机呼叫可视室内分机（房间号：301）	实现可视对讲与开锁功能，视频、语音清晰	10		
2	室外主机呼叫普通室内分机（房间号：302）	实现对讲与开锁功能，要求语音清晰	5		
3	ID卡刷卡开门	实现室外主机的刷卡开锁功能	5		
4	密码开锁功能	301室开锁密码为1111；302室开锁密码为2222	5		
5	居家布防功能	触发任意一个探测器，均可实现室内主机报警和管理中心报警 当多功能室内分机为布防状态时，触发门磁、红外探测器，联动启动“智能小区”处的警号 为撤防状态时，触发红外探测器，不启动警号	10		
6	对讲门禁软件	实现与管理中心机的通信，能显示运行记录	10		
7	运行记录	指定文件路径内存储有运行记录	5		
小计					
接线与布线：共15分		接线与布线得分：			
1	管理中心机接线	接通8根连接线	1.5		
2	室外主机接线	接通8根连接线	1.0		
3	多功能室内分机接线	接通20根连接线	2.0		
4	门前铃接线	接通4根连接线	1.0		
5	普通室内分机接线	接通4根连接线	0.5		
6	联网器接线	接通15根连接线	1.5		
7	层间分配器接线	接通14根连接线	1.5		
8	电插锁（小区）接线	接通2根连接线	0.5		
9	通信转换模块	接通4根连接线	0.5		
10	门磁开关	接通2根连接线	0.5		
11	家用紧急求助按钮	接通2根连接线	0.5		
12	被动红外空间探测器	接通4根连接线	0.5		
13	被动红外幕帘探测器	接通4根连接线	0.5		
14	燃气探测器	接通4根连接线	0.5		
15	感烟探测器	接通4根连接线	0.5		
小计					
安装工艺：共5分		安装工艺得分：			
1	布线与接线工艺	线路连接、插针压接质量可靠；线槽、桥架工艺布线规范 各器件接插线与延长线的接头处套入热缩管作绝缘处理	5		
小计					

任务二　消防子系统的安装与调试

任务目标

1. 掌握消防子系统的功能和结构及其工作原理；
2. 掌握消防子系统各主要设备的端子功能，并能按图接线；
3. 能够拟定安装调试方案，进行消防子系统的安装与调试。

消防子系统是 THBAES 型楼宇智能化工程实训系统的一个重要组成部分，具有独立性。它主要由火灾报警控制器、输入 / 输出模块及模拟消防设备（消防泵、排烟机、防火卷帘门）和多种消防探测器（感烟、感温探测器）等组成。

图 3-2-1 是消防子系统部分实物图，详细介绍可参见光盘内 FLASH 中消防子系统部分。

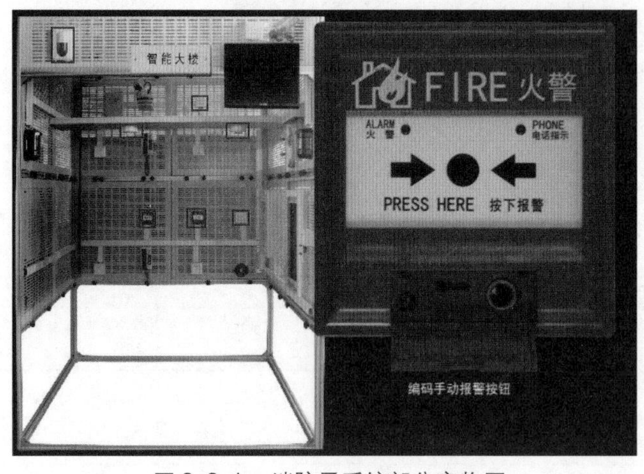

图 3-2-1　消防子系统部分实物图

子任务一　认知THBAES型楼宇智能化工程实训系统的消防子系统

任务目标

1. 能够描述消防子系统的功能；
2. 能够描述消防子系统的结构及其工作原理。

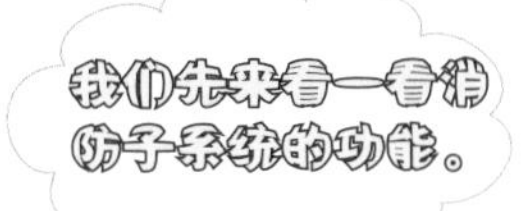

1．消防子系统的功能认知

通过接线、安装和调试，THBAES 型实训装置中消防子系统应实现如下的功能

- 依次设置各个模块、探测器等总线设备的原码地址，要求地址码统一且有规律。
- 设备联动功能要求：任何消防探测器动作或消防报警按钮（手动报警按钮、消火栓按钮）按下时立即启动声光报警器；感烟探测器动作时立即启动排烟机，延时5s启动消防泵，延时10s降下防火卷帘门；感温探测器动作或者消火栓按钮按下时立即启动消防泵，降下防火卷帘门；感烟探测器动作，并且手动按钮按下时立即启动消防泵。

2．消防子系统的结构认知

图 3-2-2 所示为 THBAES 型实训装置中消防子系统的整体结构。

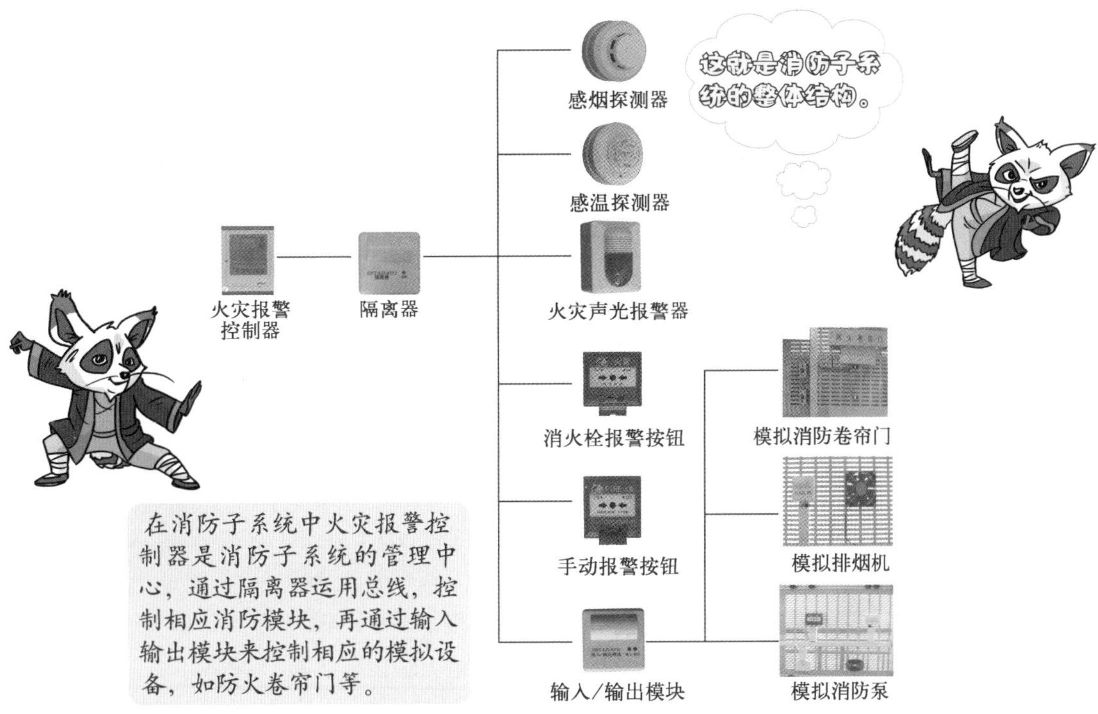

图 3-2-2　消防系统结构图

子任务二　消防子系统的组建

任务目标

1. 能够描述消防子系统各主要模块端子的功能；
2. 能够画出消防子系统的接线图，并能按图接线。

在进行消防子系统电气组建之前，我们先要学习主要模块各个端子的意义及功能。

1. 消防子系统主要设备的端子说明

(1) GST-200 火灾报警控制器对外接线端子说明

控制器外接端子说明如图 3-2-3 所示

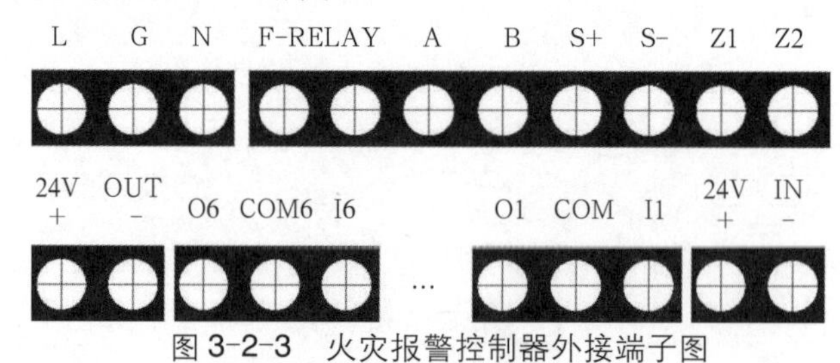

图 3-2-3　火灾报警控制器外接端子图

外接端子说明如下：

- L、G、N：AC220V 接线端子及交流接地端子；
- F-RELAY：故障输出端子，当主板上 NC 短接时，为常闭无源输出；当 NO 短接时，为常开无源输出；
- A、B：连接火灾显示盘的通信总线端子；
- S+、S-：警报器输出，带检线功能，终端需要接 0.25W、4.7kΩ 电阻，输出时有 DC 24V/0.15A 的电源输出；
- Z1、Z2：无极性信号二总线端子；24V IN (+、-)：外部 DC 24V 输入端子，可为直接控制输出和辅助电源输出提供电源；24V OUT (+、-)：辅助电源输出端子，可为外部设备提供 DC 24V 电源，当采用内部 DC 24V 供电时，最大输出容量为 DC24V/0.3A，当采用外部 DC 24V 供电时，最大输出容量为 DC24V/2A。
- O：直接控制输出线。COM：直接控制输出与反馈输入的公共线。I：反馈输入线。
- O、COM：组成直接控制输出端，O 为输出端正极，COM 为输出端负极，启动后 O 与 COM 之间输出 DC 24V。
- I、COM：组成反馈输入端，接无源触点；为了检线，I 与 COM 之间接 4.7kΩ 的终端电阻。

(2) J-SAM-GST9122 编码手动报警按钮的接线端子说明

手动报警按钮的底座实物图及端子示意图如图 3-2-4、图 3-2-5 所示

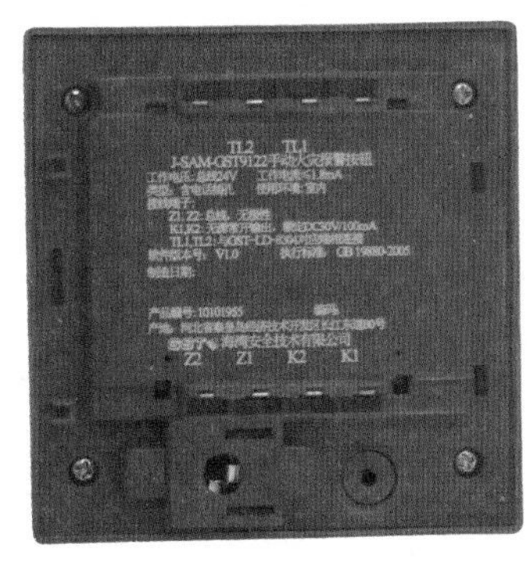

图 3-2-4 手动报警按钮底座实物图

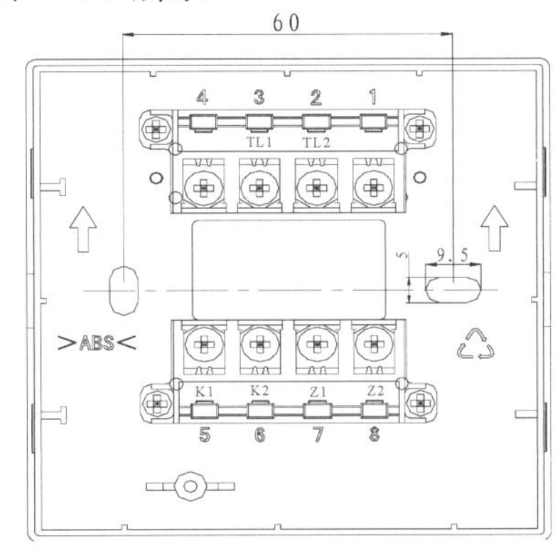

图 3-2-5 按钮端子示意图

接线端子说明如下：

Z1、Z2：无极性信号二总线端子；K1、K2：常开输出端子（不接）；TL1、TL2：可用作消防电话子模块来扩展可移动电话。

(3) 感烟感温模块端子说明

感烟、感温模块底座实物图如图 3-2-6 所示。

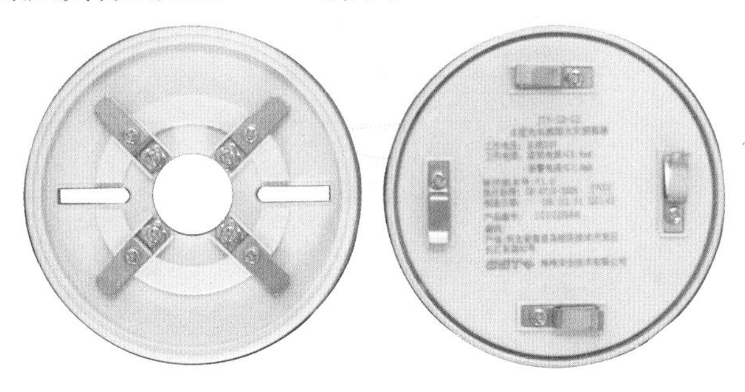

图 3-2-6 感烟感温模块底座实物图

在接线过程中，总线 Z1、Z2 只需要接端子的对角即可，且不分正负。

(4) LD-8301 单输入 / 单输出模块接线端子说明

LD-8301 底座实物、端子示意图如图 3-2-7、图 3-2-8 所示

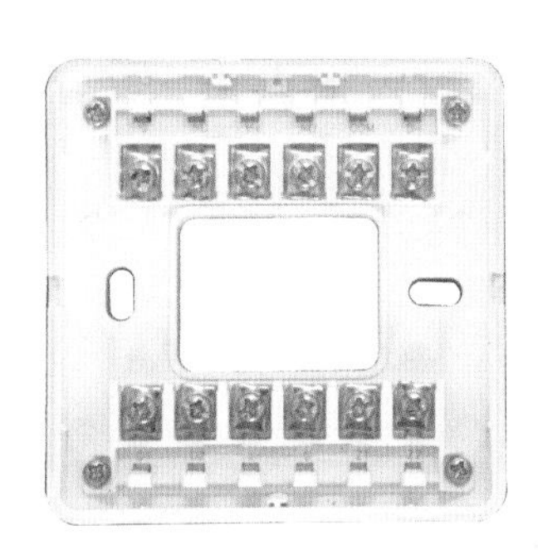

图 3-2-7 LD-8301 单输入 / 单输出模块的底座实物图

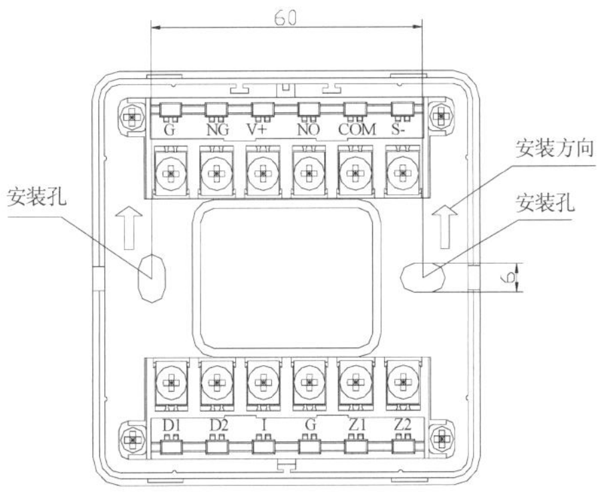

图 3-2-8 底座端子示意图

接线端子说明如下：

- Z1、Z2：接控制器两总线，无极性；
- D1、D2：DC24V 电源，无极性；
- G、NG、V+、NO:DC 24V 有源输出辅助端子，将 G 和 NG 短接、V+ 和 NO 短接（注意：出厂默认已经短接好，若使用无源常开输出端子，要将 G、NG、V+、NO 之间的短路片断开），用于向输出触点提供 +24V 信号以便实现有源 DC 24V 输出；无论模块启动与否 V+、G 间一直有 DC 24V 输出；（不接）
- I、G：与被控制设备无源常开触点连接，用于实现设备动作回答确认（也可通过电子编码器设为常闭输入或自回答）；（信号动作反馈）
- COM、S-：有源输出端子，启动后输出 DC24V，COM 为正极、S- 为负极；（排烟机、消防泵）
- COM、NO：无源常开输出端子。（卷帘门）

（5）LD-8313 隔离器接线端子说明

总线隔离器的底座实物图及接线端子示意图如图 3-2-9、图 3-2-10 所示。

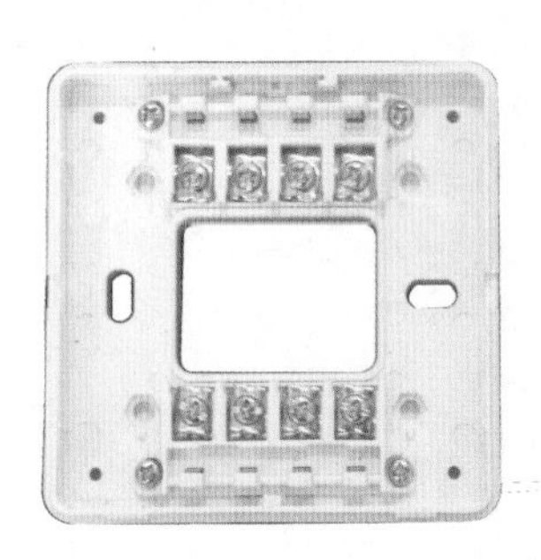

图 3-2-9　总线隔离器的底座实物图

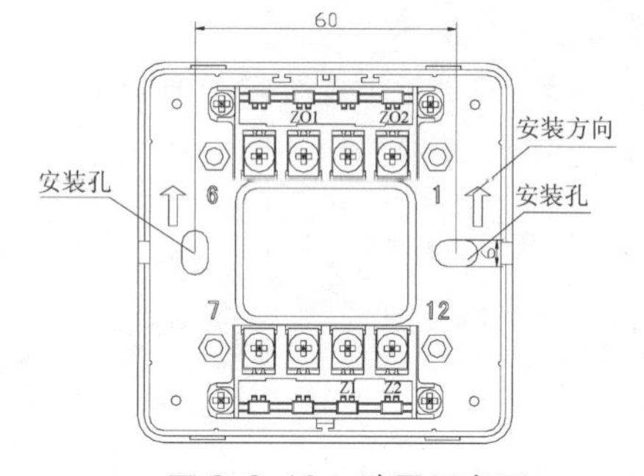

图 3-2-10　端子示意图

接线端子说明如下：

- Z1、Z2：输入信号总线，无极性；（连接消防主机总线）
- ZO1、ZO2：输出信号总线，无极性；（连接各个消防模块总线）

（6）消防控制箱接线端子说明

消防控制箱主要由电源、继电器等设备组成，和单输入、单输出模块配合使用，完成消防系统模拟机电设备控制。消防控制箱接线端子如图 3-2-11 所示：

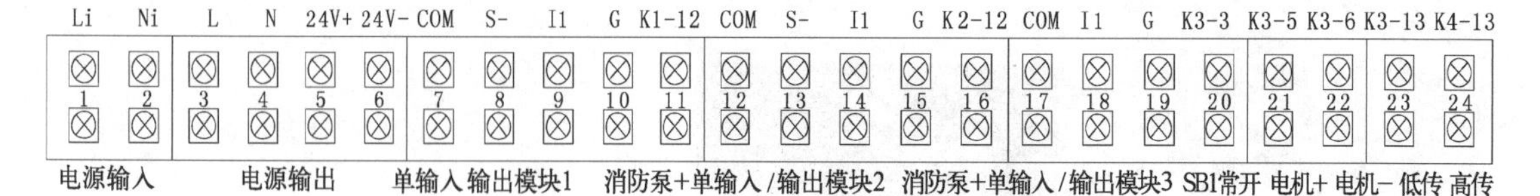

图 3-2-11　消防控制箱接线端子图

接线端子说明如下：

- Li、Ni：AC 220V 电源输入，来自接总电源控制箱；
- L、N：AC 220V 电源输出，去火灾报警控制器；
- 24V+、24V-：DC24V/3A 电源输出；

- COM、S-：DC 24V 输入端，分别接单输入、单输出模块 1、2、3 的 COM、S-；
- I1、G：常开触点输出端，接单输入、单输出模块 I1、G；
- K1-12、K2-12：继电器 K1、K2 常开输出端（DC 24V），接消防泵、排烟机输入 + 极；
- K3-3：继电器 K3 第 3 脚常闭输出端，接 SB1（上行按钮）常开端；
- K3-5、K3-6：继电器 K3 第 5、6 脚（正、负 DC 24V），分别接防火卷帘门电机 +、- 极；
- K3-13、K4-13：继电器 K3、K4 第 13 脚（DC 24V-），分别接低位、高位光电开关（即卷帘门的低位、高位行程控制传感器）控制端。

2. 消防子系统的电气组建

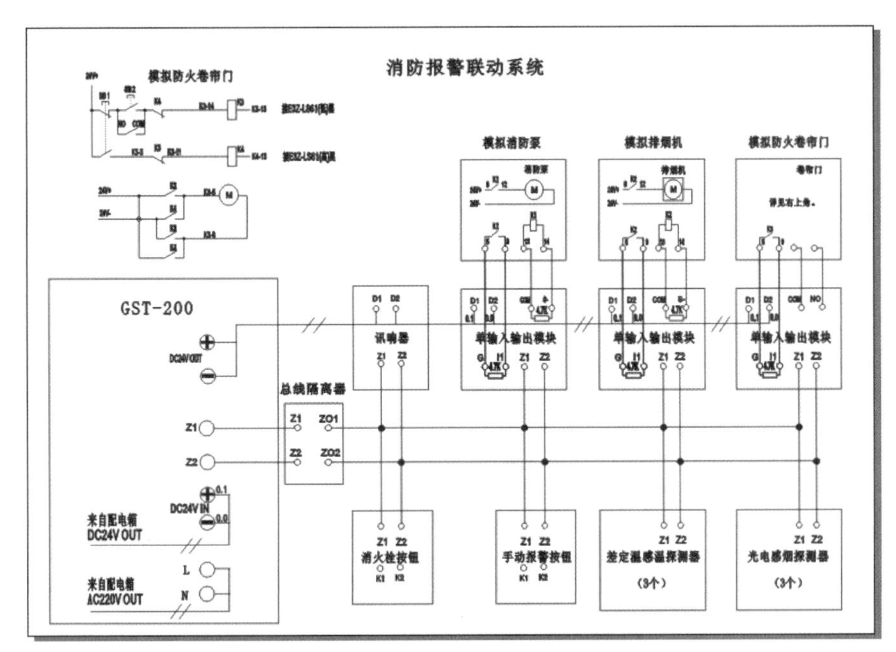

图 3-2-12　THBAES 型消防子系统原理图

（1）总电源接线

总电源接线：从消防控制箱的 AC220V 输出，接火灾报警控制器的 220V 输入。

（2）总线与 DC24V 电源

总线与 DC24V 电源：隔离器的 Z1、Z2 与火灾报警控制器的 Z1、Z2 相连，隔离器的 Z01、ZO2 与其他模块 Z1、Z2 相连，火灾报警控制器的 DC24V 输入与消防控制箱的 DC24V 输出相连（两路 DC24V 为系统供电），火灾报警控制器的 DC24V 输出与后面需要电源模块的 D1、D2 相连。

（3）三个输入 / 输出模块对应模拟消防设备的接线

① 模拟消防泵与排烟机的接线：电源箱 24V+ 接继电器 KA1 一对常开触点的一端，常开触点的另一端接模拟消防泵或模拟排烟阀的正极，消泵或排烟阀的负极接电源箱 DC24V-，从单输入 / 输出模块的 COM 端与 S- 端分别连接继电器线圈两端（分正负），COM 端接继电器底座的 14 引脚 ,S- 端接继电器底座的 13 引脚。

② 模拟消防卷帘门的接线（见图 3-2-13）：从消防电源箱的 24V+ 接上行按钮 SB1 的公共端，从上行按钮 SB1 的 NO 端分别接下行按钮 SB2 常开触点的一端与输入 / 输出模块的 NO 端，下行按钮 SB2 的 NO（常开的另一端）与输入输出模块的 COM 端短接，再分别接到 KA4 继电器常闭触点的一端与下行按钮 SB2（红）灯的正极；从 KA4 继电器常闭触点的另一端接 KA3 继电器的线圈正极与下行按钮的（红）灯的负极短接后，KA3 继电器的线圈负极与下行按钮 SB2（红）灯的负极接至 WT100-N1412（或 E3Z-LS61）为反射式光电开关（低位）的控制端（黑线）。

从上行按钮 SB1 的 NO 端分别接 KA3 继电器常闭触点的一端与下行按钮的(绿)灯的正极，KA3 继电器常闭触点的另一端接 KA4 继电器线圈的正极,KA4 继电器线圈的负极与 SB1（绿）灯的负极接至 WT100-N1412（或 E3Z-LS61）为反射式光电开关（高位）的控制端（黑线）。

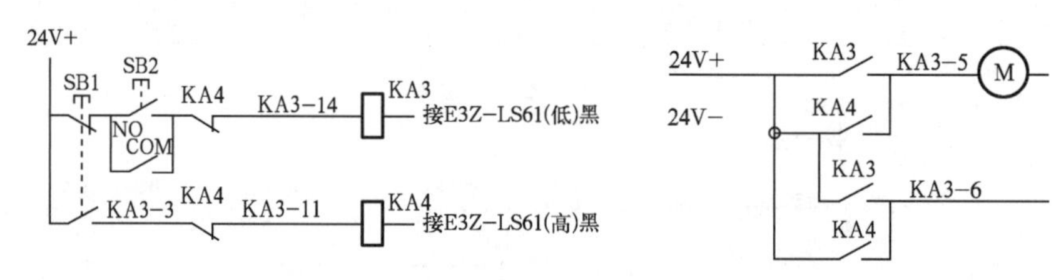

图 3-2-13　模拟消防卷帘门电气接线图

注意：WT100-N1412（或E3Z-LS61）为反射式光电开关，可以检测金属、非金属等反光物体。顶部选钮用于调节光灵敏度（顺时针调节灵明度增高，逆时针调节灵敏度降低），底部选钮用于切换工作方式（类似于继电器的常开、常闭触点）。

模拟防火卷帘门有高、低两个光电开关，分别用于检测防火卷帘门的高、低位置。出厂时，光电开关灵敏度旋钮一般处在最大状态，可以不用调节。工作方式旋钮调节：将高位光电开关工作方式旋钮调到 L，低位光电开关工作方式旋钮调到 D。

③ 卷帘门的上升与下降的接线方法：

a. 回路一，卷帘门下降接法：如图 3-2-13 所示，从电源箱 24V+ 极接继电器 KA3 常开触

点的一端，继电器 KA3 常开触点的另一端接电机的正极，从电机负极接至继电器 KA3 的另一组常开触点的一端，继电器 KA3 常开触点的另一端接电源箱 24V-。

b. 回路二，卷帘门上升接法：如图 3-2-13 从电源箱 24V+ 接继电器 KA4 常开触点的一端，继电器 KA4 常开触点的另一端接电机的正极，从电机负极接至继电器 KA4 的另一组常开触点的一端，继电器 KA4 常开触点的另一端接电源箱 24V-。

c. 自动与手动：当 NO 端与 COM 端闭合为自动，SB2 闭合为手动。

d. 互锁：图 3-2-13 中继电器 KA3、KA4 常闭触点为一对互锁关系。

子任务三 消防子系统的安装与调试技能训练

任务目标：

1. 熟知消防子系统技能训练要求；
2. 能够拟定安装调试方案，进行消防子系统的安装与调试；
3. 掌握消防子系统相关设备的安装方法和参数设置方法。

通过完成系统认知和电气组建两个子任务的训练，现在来进行 THBAES 型消防子系统的安装与调试。

1. 任务描述

① 根据消防子系统的原理图绘制系统接线图

② 对消防子系统进行综合布线。

③ 对消防子系统主要模块进行正确安装

④ 对消防子系统进行功能调试

2. 施工流程与步骤

为了能够高效率地完成消防子系统安装调试的技能训练，在进行技能训练之前，应该制定出一个完整的施工步骤流程（见图 3-2-14），并在实训中遵照执行。

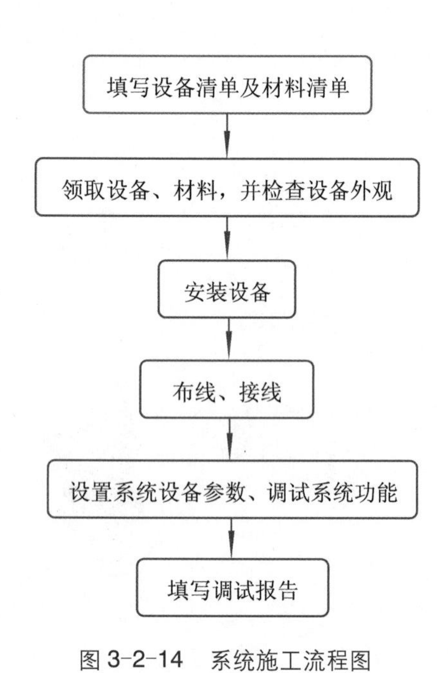

图 3-2-14　系统施工流程图

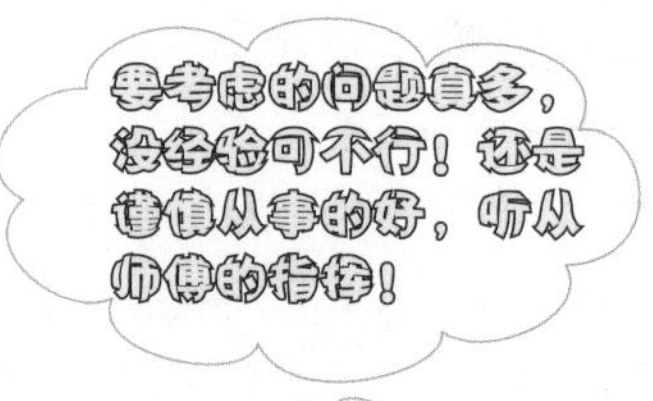

根据消防子系统的功能要求及施工流程图，请同学们填写工作计划、材料清单、耗材及工具准备相关表格，并按表 3-2-1 记录完成情况。

表 3-2-1　工作计划表

步　骤	内　容	计 划 时 间	实 际 时 间	完 成 情 况
1	清点器件、工具及耗材数量			
2	查看任务书（熟悉任务书要求）			
3	绘制消防系统接线图			
4	消防系统器件安装			
5	消防子系统整体布线			
6	消防子系统功能调试			
7	整理设备布线工艺及整理现场卫生			

(1) 设备准备

设备清单如表 3-2-2 所示。

表 3-2-2　设备清单

序　号	物 品 名 称	型　号	数　量	备注（产地）
1	火灾报警控制器			
2	智能光电感烟探测器			
3	智能电子差定温感温探测器			
4	探测器通用底座			
5	总线隔离器			
6	编码手动报警按钮（带电话插孔）			
7	编码单输入 / 单输出模块			
8	编码消火栓报警按钮			
9	火警声光警报器			

续表

序　号	物品名称	型　号	数　量	备注（产地）
10				
11				
12				
13				
14				

仔细查看器件，根据所选系统及具体情况填写表中的规格、数量、产地。

(2) 耗材准备

耗材清单如表 3-2-3 所示。

表 3-2-3　耗材清单

序　号	物品名称	规　格	数　量	备注（产地）
1	电源线（红、黑）		各 60m	
2	总线（蓝、白）		各 50m	
3				
4				
5				
6				
7				

(3) 工具准备

工具清单如表 3-2-4 所示。

表 3-2-4　工具清单

序　号	物品名称	规　格	数　量	备注（产地）
1	一字螺钉旋具			
2	十字螺钉旋具			
3				
4				
5				
6				
7				

(4) 系统安装

在进行消防子系统安装训练之前，要仔细阅读系统设备的安装方法，以避免在安装中由于不规范而损坏设备。下面以消防主机为例，介绍消防子系统主要设备的安装步骤。可以参见光盘中消防子系统设备的安装录像。

① 首先安装消防主机，将消防主机贴近网孔板，用 6×14 加平垫穿过消防主机加网孔板，在背面加平垫，弹垫、螺母将其打紧。

② 将白色塑料卡子，卡进网孔板，再用 4×16 自攻螺钉穿过所有器件底座直接打紧。

③ 消防子系统整体布线。

④ 将器件剩余部分对应安装至器件底座上。

马上要动手做了，一定要注意消防子系统中各个设备的安装要求。

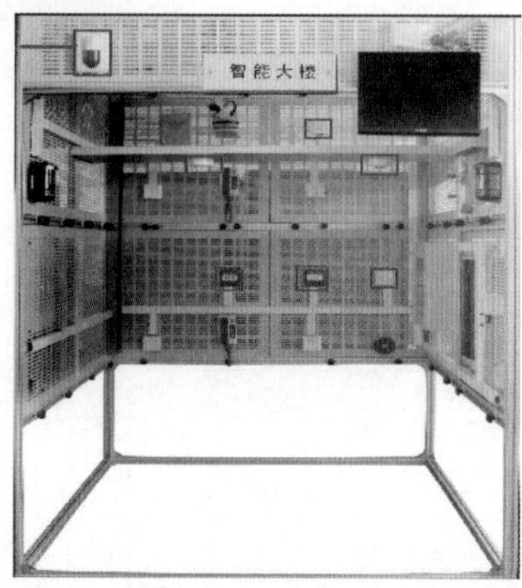

图 3-2-15　智能大楼正面安装后效果

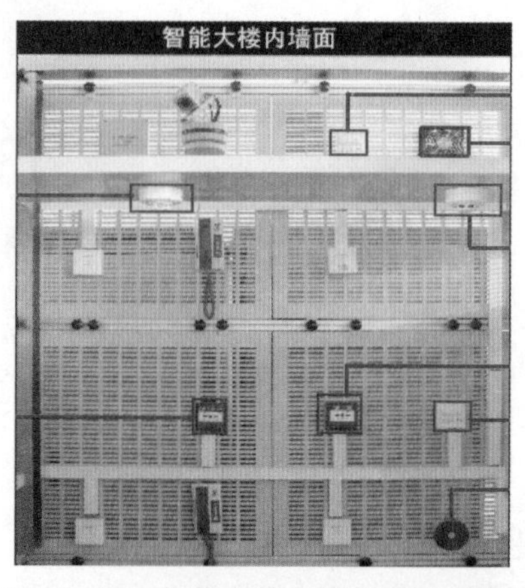

图 3-2-16　智能大楼内墙面安装后效果

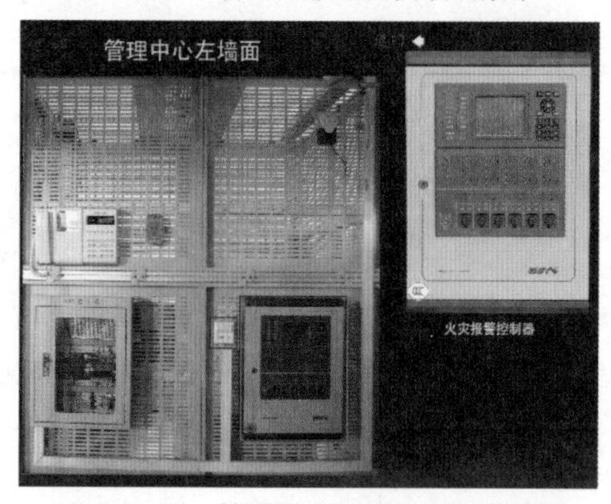

图 3-2-17　管理中心左墙面安装后效果

图 3-2-18　智能大楼左墙面安装后效果

3．**系统调试**

设备安装到位后，就可以进行系统调试运行了，可以参照表 3-2-5 的操作步骤，进行设备调试并进行记录系统调试运行状态。

表 3-2-5　调试运行记录表

结果 观察项目 / 操作步骤	设备检查（设备数量够不够）	观察各功能是否实现	根据编程触发探测器观察消防设备能否联动
对各个器件进行编码			
对消防主机进行设备定义			
对消防主机进行设备注册			
进行联动编程			
用强制按钮测试功能			
用实际效果测试功能			

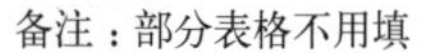

备注：部分表格不用填

(1) 设备编码

THBAES 型消防子系统的单输入 / 单输出模块、探测器、报警按钮等总线设备均需要编码，用到的编码工具为电子编码器，其实物、结构如图 3-2-19、图 3-2-20 所示。

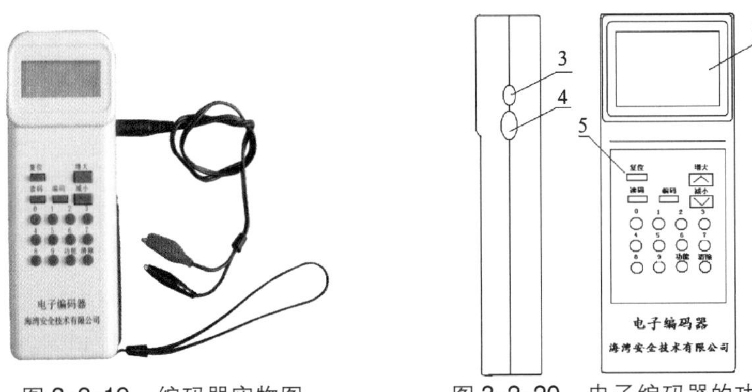

图 3-2-19　编码器实物图　　　图 3-2-20　电子编码器的功能结构示意图

① 电源开关：完成系统硬件开机和关机操作。

② 液晶屏：显示有关探测器的一切信息和操作人员输入的相关信息，并且当电源欠电压时给出指示。

③ 总线插口：编码器通过总线插口与探测器或模块相连。

④ 火灾显示盘接口（I2C）：通过此接口与火灾显示盘相连，并进行各灯的二次码的编写。

⑤ 复位键：当编码器由于长时间不使用而自动关机后，按下复位键，可以使系统重新上电并进入工作状态。

参照光盘中内容学会编码器的使用后，把本系统各个模块、探测器等总线设备按表 3-2-6 所示地址进行编码。

表 3-2-6　设备地址

序　　号	设 备 型 号	设 备 名 称	编　　码
1	GST-LD-8301	单输入 / 单输出模块	01
2	GST-LD-8301	单输入 / 单输出模块	02
3	GST-LD-8301	单输入 / 单输出模块	03
4	HX-100B	讯响器	04
5	J-SAM-GST9123	消火栓按钮	05
6	J-SAM-GST9122	手动报警按钮	06
7	JTW-ZCD-G3N	智能电子差定温感温探测器	07
8	JTY-GD-G3	智能光电感烟探测器	08
9	JTW-ZCD-G3N	智能电子差定温感温探测器	09
10	JTY-GD-G3	智能光电感烟探测器	10
11	JTW-ZCD-G3N	智能电子差定温感温探测器	11
12	JTY-GD-G3	智能光电感烟探测器	12

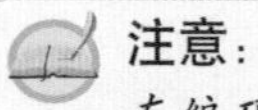

注意：

在编码时如果编码器液晶屏前部有“LB ”字符显示，表明电池已经欠电压，应及时进行更换。更换前应关闭电源开关，从电池扣上拔下电池时不要用力过大。

(2) 设置火灾报警控制器参数

① 编程设置。设置火灾报警控制器参数之前，先参照光盘中内容学习火灾报警控制器的使用。学会设备的使用后即可对本系统进行编程设置。参照光盘中火灾报警控制器设备定义部分将总线设备按表 3-2-7 进行设备定义。

表 3-2-7 设备定义

序 号	设 备 型 号	设 备 名 称	编 码	二 次 码	设 备 定 义
1	GST-LD-8301	单输入 / 单输出模块	01	000001	16（消防泵）
2	GST-LD-8301	单输入 / 单输出模块	02	000002	19（排烟机）
3	GST-LD-8301	单输入 / 单输出模块	03	000003	27（卷帘门下）
4	HX-100B	声光报警器（讯响器）	04	000004	13（讯响器）
5	J-SAM-GST9123	消火栓按钮	05	000005	15（消火栓）
6	J-SAM-GST9122	手动报警按钮	06	000006	11（手动按钮）
7	JTW-ZCD-G3N	智能电子差定温感温探测器	07	000007	02（点型感温）
8	JTY-GD-G3	智能光电感烟探测器	08	000008	03（点型感烟）
9	JTW-ZCD-G3N	智能电子差定温感温探测器	09	000009	02（点型感温）
10	JTY-GD-G3	智能光电感烟探测器	10	000010	03（点型感烟）
11	JTW-ZCD-G3N	智能电子差定温感温探测器	11	000011	02（点型感温）
12	JTY-GD-G3	智能光电感烟探测器	12	000012	03（点型感烟）

定义完毕，即可进行编程设置。参照光盘中联动编程部分作设置如下：

a．******02 + ******03 + ******11 + ******15=******13 00

b．******03=******19 00 ******16 05 ******27 10

c．******02 + ******15=******16 00 ******27 00

d．******03×******11=******16 00

② 设备注册操作。在系统设置操作状态下，键入“6”，便进入调试操作状态，如图 3-2-21 所示。调试状态提供了设备直接注册、数字命令操作、总线设备调试、更改设备特性、恢复出厂设置五种操作。在此界面下选择“设备直接注册”选项，系统可对外部设备、显示盘、手动盘、从机、多线制盘重新进行注册并显示注册信息，而不影响其他信息，如图 3-2-22 所示。

＊调试状态操作＊
1 设备直接注册
2 数字命令操作
3 总线设备调试
4 更改设备特性
5 恢复出厂设置
手动 [√] 自动 [√] 喷洒 [×]

图 3-2-21 调试操作状态

＊设备直接注册＊
1 外部设备注册
2 通信设备注册
3 控制操作盘注册
4 从机注册
手动 [√] 自动 [√] 喷洒 [×] 15:26

图 3-2-22 “设备直接注册”界面

其他设备的注册操作类似，均在注册结束后，显示注册结果。

注意：外部设备注册时显示的编码为设备的原始编码，后面的数量为检测到相同原始编码设备的数量，当有设备原始编码重码时，在显示重码设备数量的同时，还将重码事件写入运行记录器中，可在注册结束后查看，重码记录中，在用户编码位置为3位原始编码号、3位重码数量，事件类型为“重复码”。注册结束后显示注册到的设备总数及重码设备的个数，两个数相加，可以得出实际的设备数量。

4．常见故障分析

消防子系统故障分析如表 3-2-8 所示。

表 3-2-8　消防子系统故障分析

序　号	故障现象	故障原因分析	排除方法
1	开机指示灯不亮	电源线未接好	接好电源线
2	探测器以及模块报故障	1．检查探测器及模块有无注册进去 2．相应的模块的总线或电源没有接好	1．将探测器及模块重新注册 2．接好总线及电源线
3	声光报警器不报警	1．声光报警器电源线未接进去 2．强制按钮无法启动	1．测量声光报警器电源将其接进去 2．强制按钮未定义进去，重新定义
4	各消防设备无法联动	相应的消防设备未编进联动公式	检查联动编程公式
5	联动模块动作相应模拟设备不动作	模拟设备接线错误	检查接线，更正

知识、技能归纳

通过进行消防子系统的装调技能训练，对该系统的结构和功能有了更深入的理解，并能够掌握系统相关设备的安装规范，线路的敷设、连接技能，系统设备的参数设置技能及系统调试、操作技能。

工程素质培养

通过查阅设备生产厂家的设备使用说明书及 THBAES 型楼宇智能化工程实训系统使用手册，对该子系统及系统设备的使用进行更深一步的理解，对消防子系统的功能进行更深入的开发。

附表　消防子系统考核评分表

序　号	重点检查内容	评 分 标 准	分　值	得　分	备　注
器件安装：共5.5分		器件安装得分：			
1	火灾报警控制器安装	器件选择正确、安装位置正确、器件安装后无松动	0.7		
2	总线隔离器安装		0.6		
3	编码消火栓报警按钮安装		0.6		
4	编码手报按钮（带电话孔）安装		0.6		
5	探测器通用底座安装		0.6		
6	编码单输入 / 单输出模块安装		0.6		
7	智能电子差定温探测器安装		0.6		
8	智能光电感烟探测器安装		0.6		
9	通信转换模块安装		0.6		
小计					
功能要求：共10分		功能要求得分：			
1	消防模块编码	符合编码表要求	2		由于功能较多，具体功能无法详细列举，现将各个类型给予评分
2	手动盘控制	各个的手动盘按键能启动相应的模拟设备	1		
3	各种联动编程公式	一个探测器联动一个消防设备	1		
		一个探测器联动多个消防设备	1		
		探测器与消防按钮联动一个消防设备	2		
		探测器与消防按钮联动多个消防设备			
		消防按钮联动一个消防设备			
		消防按钮联动多个消防设备	2		
		消防按钮或探测器联动多个消防设备时的延时时间不同	1		
小计					
接线与布线：共3分		接线与布线得分：			
1	差定温感温探测器（3个）接线	接通2根连接线	0.6		
2	光电感烟探测器（3个）接线	接通2根连接线	0.6		
3	手动报警按钮接线	接通2根连接线	0.2		
4	消火栓按钮接线	接通2根连接线	0.2		
5	声光警报器接线	接通4根连接线	0.4		
6	输入输出模块（3个）	接通6根连接线	0.5		
7	总线隔离器	接通4根连接线	0.5		
小计					
安装工艺：共1.5分		安装工艺得分：			
1	布线与接线工艺	线路连接、插针压接质量可靠；线槽、桥架工艺布线规范；各器件接插线与延长线的接头处套入热缩管作绝缘处理	1.5		
小计					

任务三 视频监控子系统的安装与调试

任务目标

1. 能描述视频监控及周边防范系统的结构；
2. 能描述视频监控系统中的主要设备的功能并掌握使用方式；
3. 拟定视频监控各个子系统安装与调试方案并进行各子系统的调试。

THBAES 型楼宇智能化工程实训系统中的视频监控子系统包含视频监控和周边防范两部分，视频监控系统由监视器、矩阵主机、硬盘录像机、高速球云台摄像机、一体化摄像机、红外摄像机、常用枪式摄像机，以及报警设备组成。报警功能由周界红外对射开关和单元门门磁开关构成，当其中的任意一路信号被检测到，它能与安防监控系统实现报警联动，以便完成对智能大楼门口、智能大楼、管理中心等区域的视频监视及录像。THBAES 型楼宇智能化工程实训系统如图 3-3-1 所示。

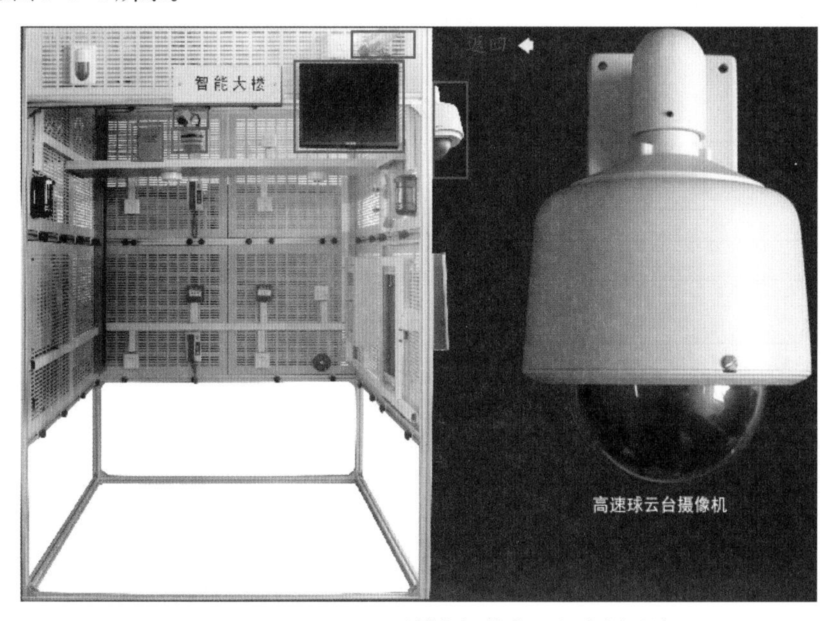

图 3-3-1　THBAES 型楼宇智能化工程实训系统

子任务一　THBAES型楼宇智能化工程实训系统视频监控子系统的认知

任务目标

1. 掌握视频监控及周边防范子系统结构；
2. 描述视频监控及周边防范子系统功能。

1. 视频监控及周边防范子系统结构

在图 3-3-2 中我们可以看出所有的摄像机的视频信号接入矩阵主机，再由视频矩阵主机将视频信号整合重新分配给硬盘录像机用来进行视频存储，另外再传给控制室监视器 CRT，并将其中的某路信号送给外侧的液晶监视器或循环显示。门磁开关和红外对射探测器作为报警输入接入硬盘录像机的端子，当这两个开关的任一开关动作时，硬盘录像机发出信号给声光报警器，产生报警动作。

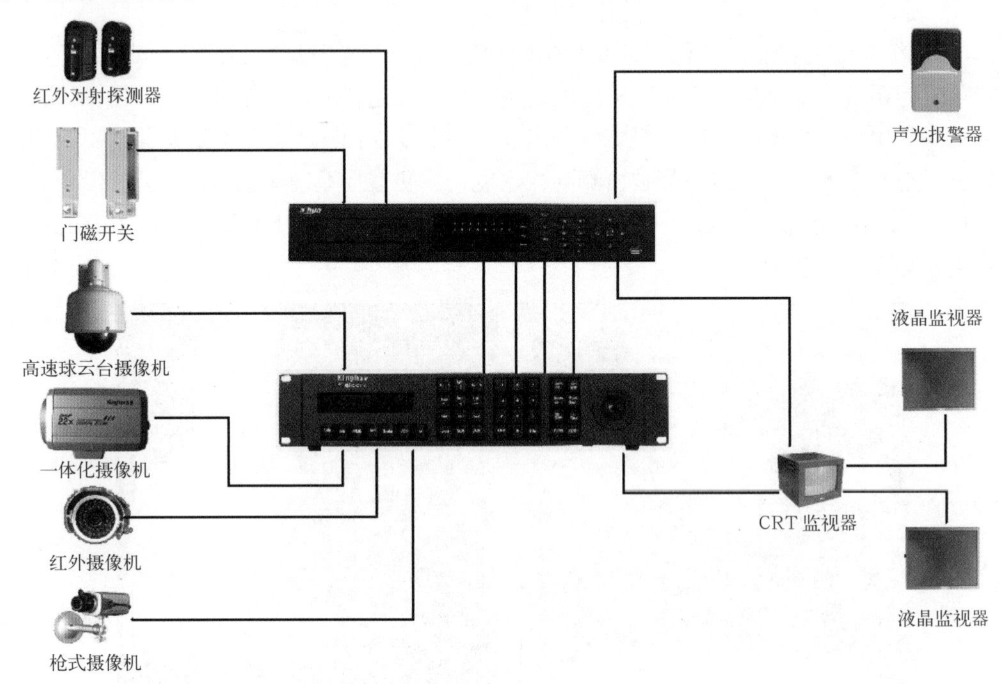

图 3-3-2　视频监控及周边防范系统结构图

2. THBAES型楼宇智能化工程实训系统视频监控及周边防范子系统功能

视频监控系统就像一个人的视觉系统，摄像机就是人的眼睛，时刻警惕地注视着前方，连接摄像机视频线就是人体视神经，将影像信号传到控制中心，控制中心将远方不同的视频信号进行分类、整合、切换，送到显示器上还原出远方图像，另一方面，将各路视频信号存储在专用设备上。正因为这样的功能，视频监控及周边防范系统是安全防范技术体系中的一个重要组成部分，是一种先进的、防范能力极强的综合系统，成为维护社会治安稳定、打击犯罪的有效武器，该系统以其直观、准确、及时而广泛应用于各种场合。随着计算机、网络以及图像处理、传输技术的飞速发展，视频监控技术也有了长足的进步。它可以通过遥控摄像机及其辅助设备，直接观看被监视场所的一切情况，把被监视场所的图像传送到监控中心，同时还可以把被监视场所的图像全部或部分地记录下来，为日后某些事件的处理提供了方便条件和重要依

据。本实训装置，包含智能大厦、管理中心和智能小区三大部分，高速球型摄像机装在智能大厦外侧，用来模拟监控大厦外围状况；全方位室内云台一体机安装在智能大厦内部，对进出大厦进行模拟监控；红外摄像机安装在管理中心，当没有室内灯光时，可以继续起到监控的目的；枪式摄像机安装在智能小区对特定方位进行全面监控。周边防范系统由一对红外报警装置和一个门磁开关构成，当其中的任一信号触发时，将与视频监控系统产生报警联动。

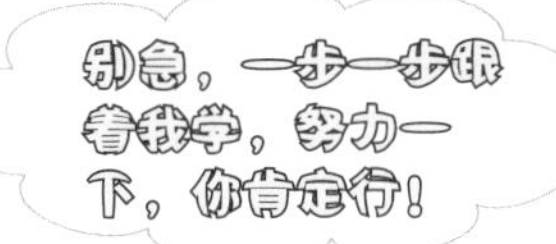

子任务二　视频监控及周边防范子系统的组建

任务目标

1. 描述系统中各设备相关连接端口的功能；
2. 绘制视频监控及周边防范子系统的系统原理图。

1. 主要设备的功能及接线方式

视频监控子系统前端共有四台摄像机，通过视频电缆将视频信号传递给视频矩阵，所以视频信号线接口是最基本装备，作为电气设备，必须有工作电源，每台摄像机的电源接口方式有所不同，工作电压也会有差异，THBAES 型楼宇智能化工程实训系统中使用的红外摄像机、枪式摄像机和一体机使用 DC +12V 电源，室外高速球型摄像机使用 AC24V 交流电源。

（1）高速云台球型摄像机

我们所看到的高速云台球型摄像机（见图 3-3-3）外壳像个球，可以用于室外，其内部由可变焦摄像机、旋转云台、解码器等结构组成，旋转云台在解码器的控制指令下可 360° 水平转动、50° 垂直转动，这样便可在一个监控点形成无盲区覆盖，其变焦范围根据用户不同需要而订制。旋转云台是由两只电机精密构成的可以水平和垂直方向转动的机构，其受控于解码器。解码器将控制主机出来的控制信号进行解码，达到用户需要调整监控角度或进行巡视的功能。这种设备常应用于室外开阔场地或室内需要全方位巡视的场合。

图 3-3-3 高速球云台球型摄像机

由图 3-3-3 右侧接线端可以看出，上排两组接线端子，左边一组是电源接线端子，共有三个，两边是 AC 24V 接线端子，中间是接地端 GND 端；右边是一组控制线接线端子，就是由它接受来自硬盘录像机的控制信号，使其完成转动和变焦等动作。正中间一个 BNC 视频接线端子，是用来传递视频信号的，接上它就可以将视频信号传到控制中心了。右上侧是拨码选择开关，其功能在后面的调试篇介绍。

控制信号是一对RS485协议的控制线，有正负之分，可千万不能搞错了，要不然啥动作也没有了，其他设备中也有，要注意！

(2) 枪式摄像机

本实训系统中的枪式摄像机如图 3-3-4 所示，枪式摄像机结构简单、价格便宜、相对于球型摄像机来说少 1 对控制线，适用于固定角度的监控，可以应用于室内或室外。枪式摄像机的监视范围则取决于选用的镜头，变焦可以从几倍到几十倍不等，可以根据监视的不同要求而选用不同的镜头，而且镜头的更换比较容易。枪式摄像机的应用范围更加广泛，根据选用镜头的不同，可以实现远距离监控或广角监控。

从背部接线端子可以看出，DC IN 端子就是电源端，接直流 12V，注意连接方向，里正外负，否则将有可能烧毁摄像机；VIDEO OUT 端就是视频输出，直接接视频端子。

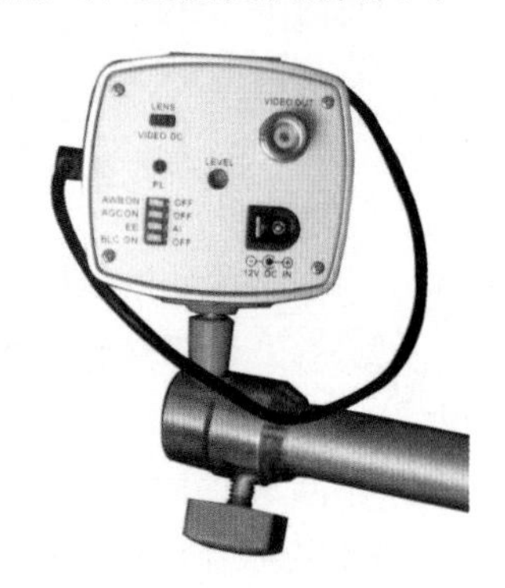

图 3-3-4 彩色枪式摄像机

(3) 红外摄像机

在 THBAES 型楼宇智能化工程实训系统中看到的红外摄像机称为主动式红外摄像机，如图 3-3-5 所示，它是在枪式摄像机上增加了红外线发射装置，主动利用特制的“红外灯”人为产生红外辐射，一个个发光二极管就是一个个小的红外发射灯，产生人眼看不见而摄像机能捕捉到的红外光，当红外光照射物体，其发射的红外光到摄像机时，红外摄像机就可以看到被摄物体。红外摄像机是利用普通低照度摄像机或“红外低照度彩色摄像机”去感受周围环境反射回来的红外光，从而实现夜视功能。红外发射距离与红外线的发射功率有关，功率越大，距离越长。这种类型的摄像机一般应用于没有灯光或微弱灯光需要红外辅助照明的场合。

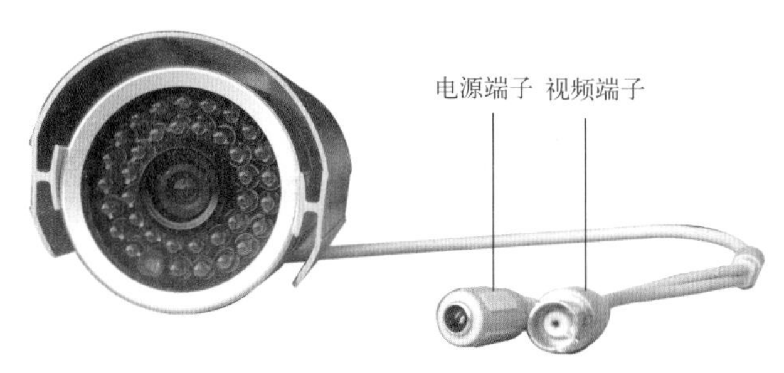

图 3-3-5　红外摄像机

可以看到红外摄像机后面有两根线，一根接视频端子，另一根用其配置的特制接头，接上电源。

(4) 室内全方位云台及一体化摄像机

室内全方位云台及一体化摄像机(见图 3-3-6)就是将枪式摄像机安装在一个全方位云台上，以达到球型摄像机的效果，其组成部分等同于球型摄像机，随着球机性能的提高和价格的走低，室内全方位云台及一体化摄像机应用领域越来越少。

全方位云台需要联合其配套的解码器（见图 3-3-7）使用，才能接受来自控制中心的控制信号，让云台可以上下摆动和左右转动、让摄像机可以远程控制变焦、聚焦或调整光圈，在 THBAES 型楼宇智能化工程实训系统中，调整光圈功能没有使用。

图 3-3-6　全方位云台及一体化摄像机

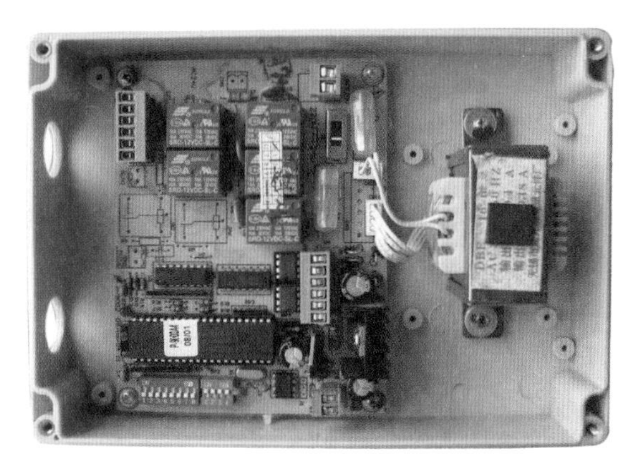

图 3-3-7　解码器内部结构图

解码器内部接线端子定义如图 3-3-8 所示。交流 220V 接入，通过变压器变为交流 24V 提供给电路板。中间的一组接线端子接一体化摄像机控制端，其中变焦为橙色、聚焦为黄色，公共端为黑色（注意：解码器接线端必须和摄像机的控制端的控制线一一对应，否则会产生错误动作)。左下角的一组端子接万向云台,同样需要一一对应。右上角的一组端子为RS-485控制线,接视频矩阵，和前面的球型摄像机一样要注意方向。右下角的拨动编码开关在后面的调试篇介绍。

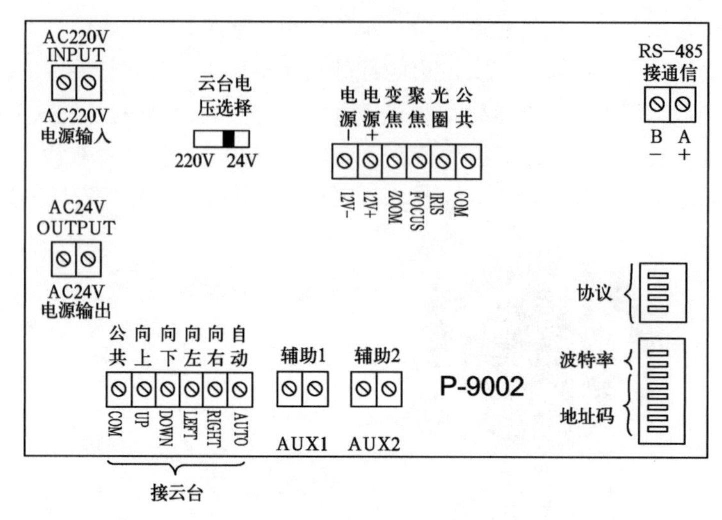

图 3-3-8　解码器接线端子功能图

（5）视频矩阵主机

THBAES 型楼宇智能化工程实训系统中使用的视频矩阵为华维 SB60-8×5VL，作为视频矩阵，最重要的一个功能就是实现对输入视频图像的切换输出，就是说将视频图像从一个输入通道切换到任意一个输出通道显示。一般来讲，一个 M×N 矩阵表示它可以同时支持 M 路图像输入和 N 路图像输出。这里需要强调的是必须要做到任意，即任意的一个输入和任意的一个输出。另外一个矩阵系统通常还应该包括字符信号叠加、解码器接口以控制云台和摄像机、报警器接口等基本功能，并包含控制主机、音频控制箱、报警接口箱以及控制键盘等附件矩阵主机正面图如图 3-3-9 所示。

图 3-3-9　矩阵主机正面图

其背面图如图 3-3-10 所示,左边一组视频接线端子为视频输出端,右边一组为视频输入端,这是一个 8×5 矩阵。左侧绿色小端子是矩阵控制信号接口，中间的一组“PTZ”接口为 RS-485 控制线，用来连接一体化摄像机的解码器，从上到下的顺序依次为 RS-485A（+）、GND、RS485B（-），注意正负，不能出错。

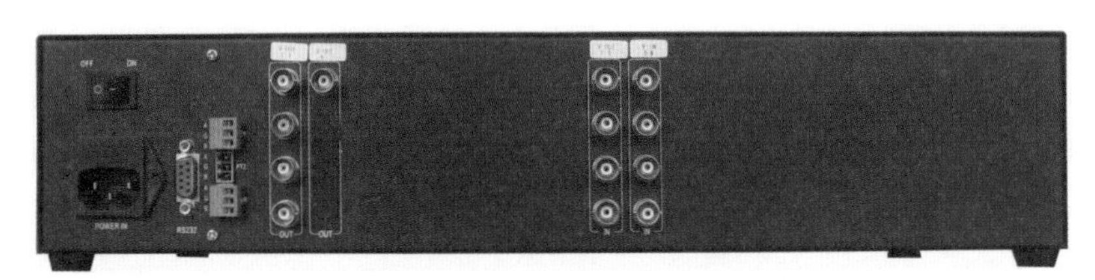

图 3-3-10　矩阵主机背面图

（6）硬盘录像机

本实训系统中硬盘录像机采用的是大华DH-DVR0404LK-S数字视频录像机(见图3-3-11、图3-3-12)，相对于传统的模拟视频录像机，它采用硬盘录像，故常常被称为硬盘录像机，又被称为DVR。它是一套进行图像存储处理的计算机系统，具有对图像/语音进行长时间录像、录音、远程监视和控制的功能。该型号的硬盘录像机集成了录像机、画面分割器、云台镜头控制、报警控制、网络传输等五种功能于一身，用一台设备就能取代模拟监控系统很多设备的功能。DVR采用的是数字记录技术，在图像处理、图像储存、检索、备份、以及网络传递、远程控制等方面也远远优于模拟监控设备，目前该种类型的产品使用非常广泛。

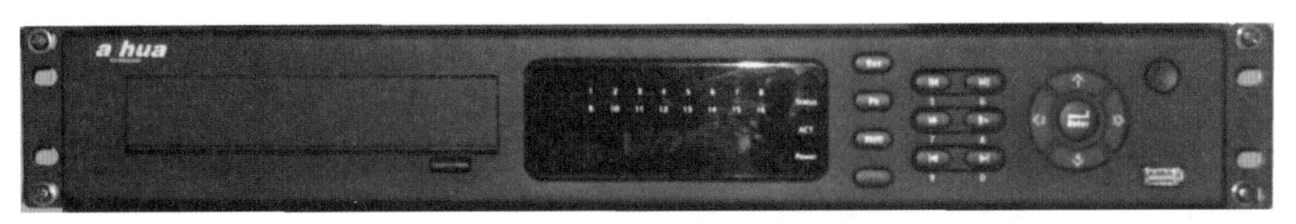

图 3-3-11　硬盘录像机正面

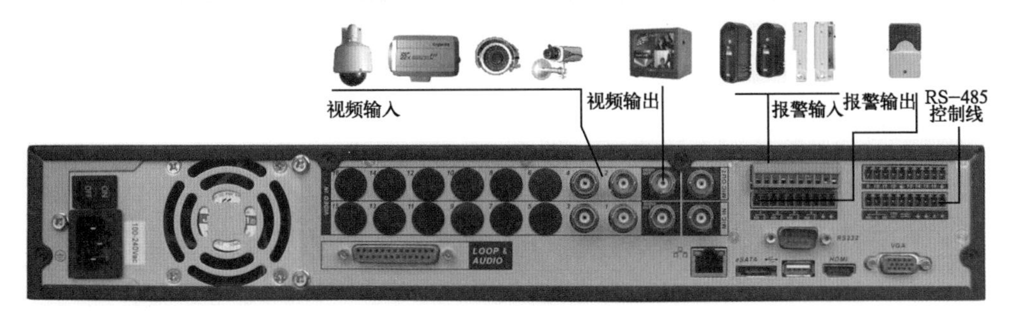

图 3-3-12　硬盘录像机背面

从硬盘录像机背面图图3-3-12中可以看出，视频输入端子接受来自视频矩阵的输出视频，这样就可以记录单路、多路或合成的多画面视频信号；视频输出接监视器，由监视器再分配给两个液晶监视器；报警输入1、2端口接受来自红外对射开关和门磁的开关量信号，在录像机中可以设置成常闭或常开有效，在THBAES型楼宇智能化工程实训系统中，该信号选择常闭有效，即当没有报警产生时，信号回路常闭，只要信号回路断开，就会产生报警输出，相对于常开方式来说，该方式可靠性更高，如果报警回路有故障，也会产生报警，确保报警回路处于正常状态。

（7）红外对射探测器

本实训系统主动红外探测器目前采用最多的是用外线对射式，如图3-3-13所示。由一个红外线发射器和一个接收器，以相对方式布置组成。当非法入侵者横跨门窗或其他防护区域时，挡住了不可见的红外光束，从而引发报警。为防止非法入侵者可能利用另一个红外光束来瞒过探测器，探测器的红外线必须先调制到指定的频率再发送出去，而接收器也必须配有频率与相位鉴别电路来判别光束的真伪，或防止日光等光源的干扰。一般较多被用于周界防护探测器。该探测器是用来警戒院落周边最基本的探测器。其原理是用肉眼看不到红外线光束形成的一道保护开关。

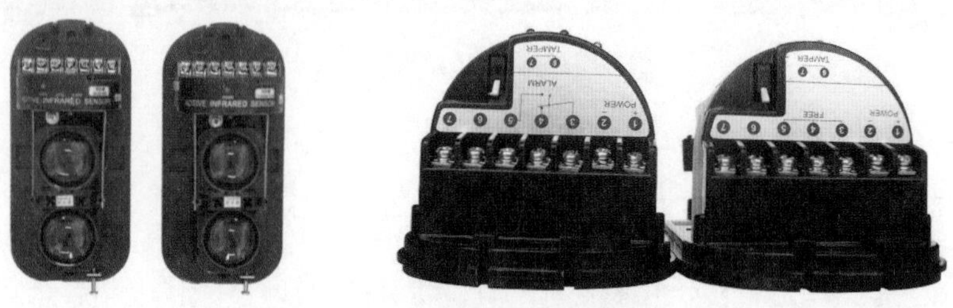

图 3-3-13　红外对射报警器

图 3-3-13 中左侧为一对红外报警器正面图，右侧接线端俯视图，①、②端子是电源端，接 +12V 电源，靠左侧的是接收器，靠右侧的是发射器，接收器上多两只指示灯和一路报警输出，当接收到发射器发过来的红外线时，接收器中③、⑤触点闭合、③、④触点断开，同时 ALARM 指示灯点亮。

我已学会了各元器件的功能和接线方式，我现在就来组建这个系统，师傅，相信我吧！！

2. 视频监控及周边防范子系统电气接线参考图

(1) 视频部分电气接线图

参照系统功能要求并根据视频监控系统的主要部件的功能和接线方式，构成如图 3-3-14 所示的电气接线原理图。

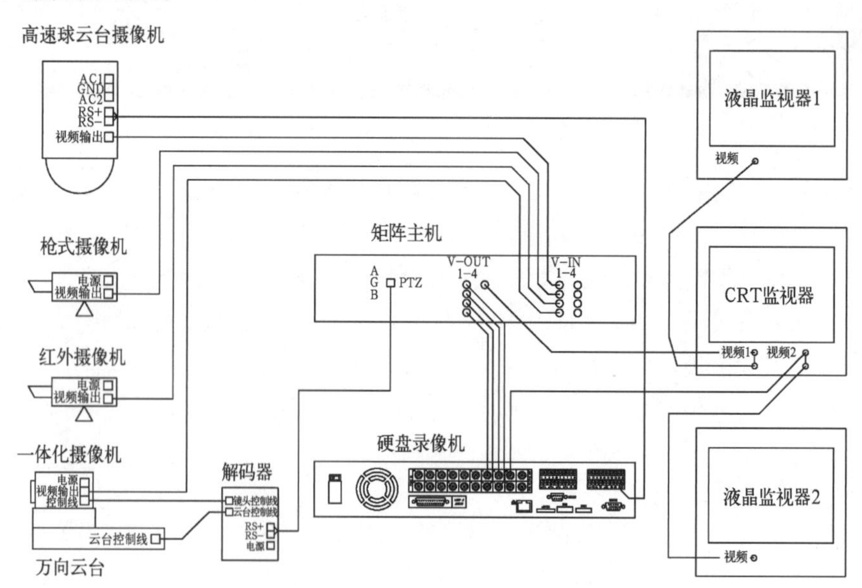

图 3-3-14　视频监控接线示意图

(2) 周边防范部分电气接线图

周边防范系统相对比较简单，其电气原理如图 3-3-15 所示，12V 开关电源为各设备提供工作电源，红外周界报警器的③、④常闭信号接硬盘录像机报警端子①，另一端接公共端子“↓”。门磁信号接硬盘录像机报警端子②，另一端接公共端子“↓”，当门磁合上时，门磁里面的磁性开关在磁力作用下闭合，接通回路，处于正常工作状态，当①、②任意一端断开时，硬盘录像机第一路开关动作，接通声光报警器，产生报警动作。

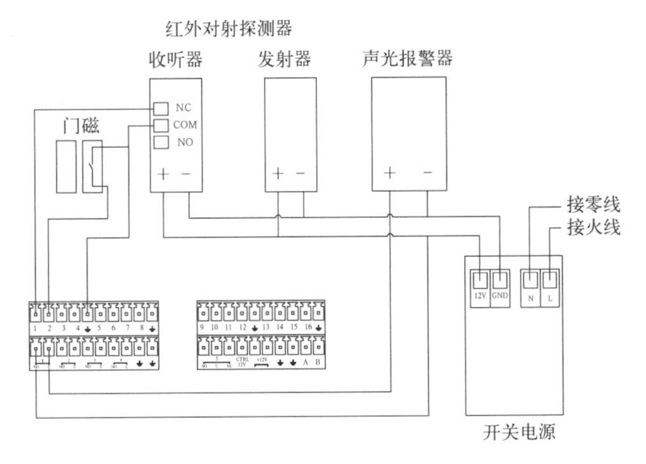

图 3-3-15　周边防范系统接线

子任务三　视频监控及周边防范子系统的安装与调试技能训练

任务目标

1. 描述视频监控及周边防范子系统技能训练要求；
2. 拟定系统主要设备的安装步骤；
3. 进行系统主要设备的参数设置；
4. 掌握系统功能的调试和故障排除。

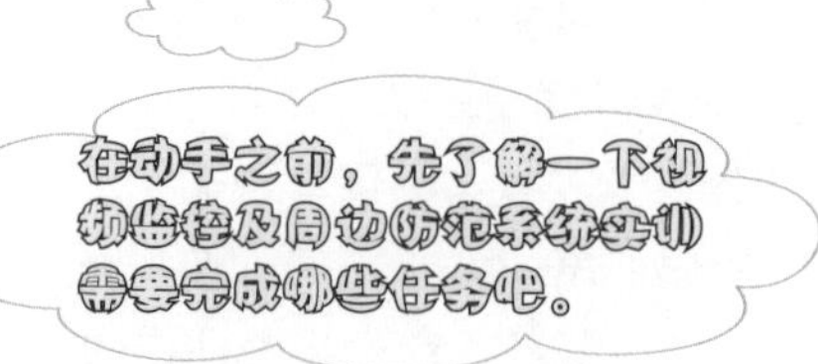

1．任务描述

① CRT 监视器第一路监控硬盘录像机输出的视频画面，第二路监控矩阵主机第一输出通道的视频画面，通过遥控器能实现两路通道之间的切换。

②“智能小区”前的液晶监视器显示矩阵主机第一输出通道的输出画面，“智能大楼”前的液晶监视器显示硬盘录像机的输出画面。

③ 通过矩阵切换各摄像机画面，分别在液晶和 CRT 监视器上显示。能够实现四路视频画面的队列切换（时序切换），各画面切换时间为 3s。

④ 通过矩阵控制室内万向云台旋转，并对一体化摄像机进行变倍、聚焦操作。

⑤ 通过硬盘录像机在 CRT 监视器上实现四路摄像机的画面显示，并控制高速球型云台摄像机旋转、变倍和聚焦。

⑥ 能够使用硬盘录像机设置并调用高速球型云台摄像机的预置点，实现高速球型云台摄像机的预置点顺序扫描、顺时针扫描、逆时针扫描、线扫（任选一）等操作。

⑦ 通过硬盘录像机实现报警和预置点联动录像：红外对射探测器触发时，声光报警器报警，同时高速球云台摄像机实现预置点联动录像。

⑧ 通过硬盘录像机实现枪形摄像机的动态检测报警录像，并联动声光报警器报警。

2．施工流程及步骤

为了能够高效率地对现场操作进行有效地管理，在进行技能训练之前，制定出一个完整的施工步骤流程（见图 3-3-16），引进企业的“6S”管理方法，从整理、整顿、清扫、清洁、习惯和安全六个方面强化提高学生的职业素养，维持良好的操作环境，确保人身和设备安全，所以在实训中要严格遵照执行。

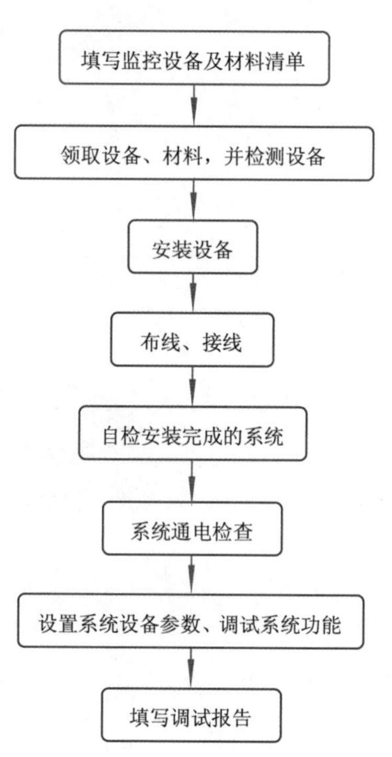

图 3-3-16　系统施工流程图

视频监控和周边防范子系统的安装与调试工作计划表如表 3-3-1 所示，自己填写实际时间。

表 3-3-1　工作计划表（流程与步骤）

步　骤	内　容	计划时间	实际时间	完成情况
1	阅读任务书（熟悉任务书要求）			
2	清点元器件、工具及耗材数量			
3	初步检测元器件			

续表

步　骤	内　　容	计划时间	实际时间	完成情况
4	绘制视频监控和周边防范子系统接线图			
5	视频监控和周边防范子系统器件安装			
6	视频监控和周边防范子系统整体布线			
7	视频监控和周边防范子系统整体联动调试			
8	整理设备布线工艺及整理现场卫生			

元器件材料清单如表 3-3-2 所示，仔细查看器件，根据具体情况填写表中的规格、数量、产地。

表 3-3-2　元器件材料清单

序　号	代　号	物品名称	规　　格	数量	备注（产地）
1		高速球型摄像机			
2		全方位云台一体化摄像机			
3		红外摄像机			
4		枪式摄像机			
5		解码器			
6		CRT 监视器			
7		视频矩阵			
8		硬盘录像机			
9		液晶监视器			
10		红外对射开关			
11		报警器			
12		门磁开关			
13		电线（红、蓝、黑、白）			

根据实际情况填写表 3-3-3 所示的工具材料清单。

表 3-3-3　工具材料清单

序　　号	工具名称	规　　格	数　　量	备　　注
1	电烙铁			
2	焊锡丝			
3	剥线钳			
4	网线钳			
5	剪刀			
6	斜口钳			
7	小十字螺钉旋具			
8	小一字螺钉旋具			
9	大十字螺钉旋具			
10	大十字螺钉旋具			
11	7 号套筒			
12	电工胶布			

3．**设备安装步骤**

在进行装调技能训练之前，要仔细阅读系统中各设备的安装方法，以避免在安装中由于不正确而损坏设备。下面介绍该子系统各主要设备的安装步骤。

(1) 器件安装

将各器件安装在“楼道”、“智能大楼”和“管理中心”区域内的正确位置。具体参照光盘文件。

① 监视器。

a. 将机柜内的托板移至上方，且预留合适监视器的安装空隙并固定。

b. 把监视器固定在托板上。

c. 将两个液晶监视器分别安装在智能小区和智能大厦上方的合适位置。

② 矩阵主机和硬盘录像机。

a. 将视频控制机柜内的托板移至监视器下方，且预留合适的安装位置，用于安装矩阵主机和硬盘录像机。

b. 将硬盘录像机固定到视频控制机柜内的托板上。

c. 将矩阵主机固定到视频控制机柜内的硬盘录像机上。

安装好的控制视频机柜如图 3-3-17 所示。

图 3-3-17　控制视频机柜

③ 高速球云台摄像机。

a. 把高速球云台摄像机的电源线、485 总线、视频线穿过高速球云台摄像机支架，并将支架固定到智能大楼外侧面的网孔板上，且固定高速球云台的罩壳到支架上。

b. 设置好高速球云台摄像机的通信协议、波特率、地址码：其通信协议为 Pelco-d，波特率 2 400，地址码为 1。

c. 将高速球云台摄像机的电源线、485 总线、视频线接到高速球云台摄像机的对应接口内。

d. 将高速球云台摄像机球体机芯的卡子卡入罩壳上对应的卡孔内，并旋转球体机芯，使其完全被卡住，接着慢慢地放开双手，以防掉落损坏球体机芯。

e. 将高速球云台摄像机的透明罩壳固定到罩壳，如图 3-3-18 所示。

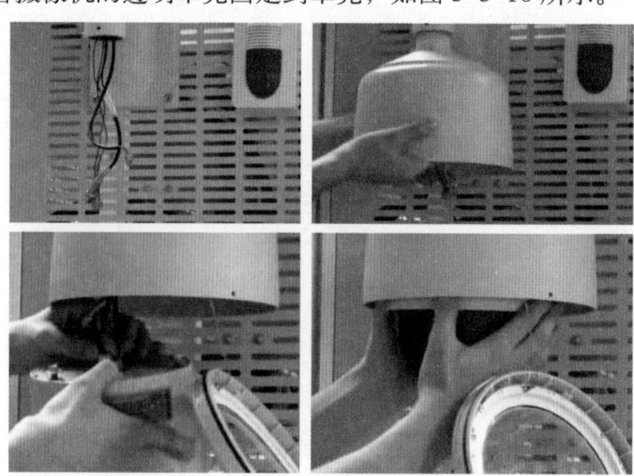
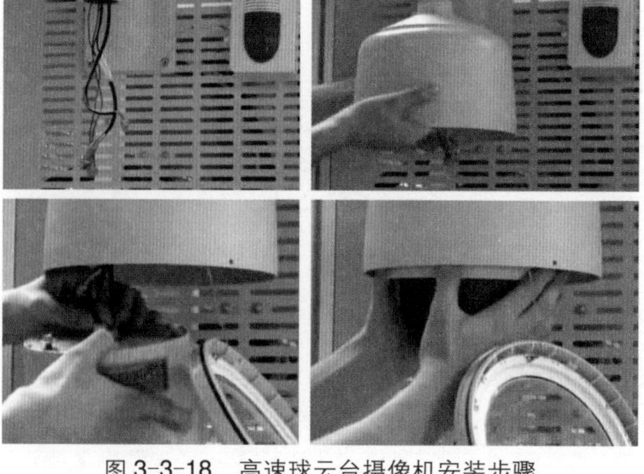

图 3-3-18　高速球云台摄像机安装步骤

具体安装步骤详见光盘视频录像。

④ 枪式摄像机。

a. 取出自动光圈镜头，并将其固定到枪式摄像机的镜头接口。

b. 将摄像机支架固定到智能大楼的前网孔板右边。

c. 将摄像机固定到摄像机支架上，并调整摄像机，使镜头对准楼道。

安装好的枪式摄像机如图 3-3-19 所示。

图 3-3-19　安装好的枪式摄像机

⑤ 红外摄像机。

a. 将摄像机的支架固定到管理中心的网孔板左边。

b. 将红外摄像机固定到摄像支架上，并调整摄像机，使镜头对准管理中心。

安装好的红外摄像机如图 3-3-20 所示。

⑥ 室内全方位云台及一体化摄像机。

a. 将室内全方位云台固定到智能大楼正面网孔板的右上角。

b. 安装一体化摄像机到室内全方位云台上，并紧固好。

安装效果如图 3-3-21 所示。

图 3-3-20　安装好的红外摄像机

图 3-3-21　室内全方位云台一体机及解码器

⑦ 解码器。

将解码器固定到室内全方位云台的左边。

⑧ 红外对射探测器。

将红外对射探测器安装在“智能大楼”的门口两侧，位置要适中，高度要一致。

（2）系统接线

① 万向云台和解码器间的连接。

万向云台可以载着摄像机做上、下、左、右的动作，以便动态观察周围的景象，它受控于解码器，解码器由 RS-485 总线接受来自视频矩阵的控制信号，将信号解码，分成两大功能：一部分控制万向云台，完成方位的动作，另一部分控制摄像机镜头，完成变焦和聚焦的动作。万向云台的“自动、向左、向右、向上、向下、公共”端子分别接解码器的 A、L、R、U、D、COM 端子，镜头控制端的黑线是公共端，接解码器的 COM 端；橙色线为变焦控制线，接解码器的 ZOOM 端；黄色线为聚焦控制线，接解码器的 FOCUS 端，解码器的 RS-485 端子，A 为 RS-485 信号的正端、B 为负端，连接到视频矩阵的 PTZ 中的 A（+）、B（-）。万向云台供电电压为 +12V，解码器的供电电压为 220V。

② 视频线的连接。

高速球云台摄像机的视频输出连接到矩阵的视频输入 1，枪式摄像机的视频输出连接到矩阵的视频输入 2，红外摄像机的视频输出连接到矩阵的视频输入 3，一体化摄像机的视频输出连接到矩阵的视频输入 4。

矩阵的视频输出 1 ～ 4 对应连接到硬盘录像机的视频输入 1 ～ 4，矩阵的视频输出 5 连接到 CRT 监视器的视频输入 1。

图 3-3-22　视频端子的连接

硬盘录像机的视频输出连接到监视器的视频输入 2。

③ 电源连接。

高速球云台摄像机的电源为 AC　24V，枪式摄像机、红外摄像机、一体化摄像机的电源为 DC　12V，解码器、矩阵、硬盘录像机、监视器的电源为 AC　220V。

④ 控制线连接。

高速球云台摄像机的控制线连接到硬盘录像机 RS-485 的 A（+）、B（-）。

解码器的控制线连接到矩阵的 PTZ 中的 A（+）、B（-）。

⑤周边防范系统接线 。

红外对射探测器的电源输入连接到开关电源到 DC　12V 输出，接收器到公共端 COM 连接到硬盘录像机报警接口的 Ground，常闭端 NC 连接到硬盘录像机报警接口的 ALARM　IN 1。

门磁开关的固定端和活动端分别安装在“智能大楼”的门框和门扇上。当门合上时，干簧管在磁力作用下动作，触点闭合，形成通路。门磁的报警输出分别连接硬盘录像机报警接口的 Ground 和 ALARM　IN 2。

声光报警探测器的负极连接到开关电源的GND，正极连接到硬盘录像机报警接口的OUT1的C端，且OUT1的NO端连接到开关电源12V。

 **注意：**

1．220V电源线单独放置与接线，千万不能混入控制线，否则将烧毁设备。

2．解码器线路连接时，一定要细心，按图示功能与相应的控制线一一对应，一旦搞错，将产生难以预见的后果。

3．报警输入方式为常闭输入方式，红外对射开关接线要注意。

4．RS-485控制线接线时注意正负之分，只要有一台接错，将会影响整条总线上的其他设备。

4．视频监控及周边防范子系统的调试

系统各设备安装接线完毕后，就要进行通电调试。在通电之前，必须重新检查220V的电源线接线是否正确、接头是否松动，确保无误后才能通电。系统调试包括系统功能参数设置、系统编程操作两大部分，在正确接线的基础上，必须经过调试，才能达到系统所要求的功能。

在系统上电调试之前，要求必须仔细阅读相关设备的使用手册，并按照系统功能要求编制出来调试步骤，然后再进行系统参数设置和编程操作。

（1）系统参数设置

① 高速球型摄像机通信协议及地址设置。

高速球型摄像机的通信协议及波特率设置：本系统中，高速球型摄像机的通信协议为Pelco-D，通信波特率为2 400，如何设置呢？打开高速球型摄像机的护罩，并取下高速球型摄像机的机芯，参见任务三中图3-3-3高速球型摄像机背面示意图，将拨码开关SW1设置为000 100，即可。详细参数如表3-3-4所示。

表 3-3-4 高速球型摄像机通信协议设置

协议类型	SW1 拨码开关			波 特 率	SW1 拨码开关		
	1	2	3		4	5	6
PELCO-D	0	0	0	1 200	0	0	
PELCO-P	1	0	0	2 400	1	0	
DAIWA	1	0	1	4 800	0	1	
SAMSUNG	1	1	1	9 600	1	1	
ALEC	0	0	1				
YAAN	0	1	0				
B01	0	1	1				
自动识别	0	0	0		0	0	

高速球型摄像机的地址为 1，设置方法：在机芯背面将拨码开关 SW2 设置为 1000 0000，即地址为 1，具体参数设置如表 3-3-5 所示。

表 3-3-5 高速球机地址设置

球 机 地 址	开 关 设 置							
	1	2	3	4	5	6	7	8
1	1	0	0	0	0	0	0	0
2	0	1	0	0	0	0	0	0
3	1	1	0	0	0	0	0	0
⋮	⋮	⋮	⋮	⋮	⋮	⋮	⋮	⋮
255	1	1	1	1	1	1	1	1

注意：采用矩阵控制高速球时，有些矩阵需要错开 *N* 位(1或2)，如高速球型摄像机的拨码地址为3，则矩阵的输入通道有可能为1、2、3、4、5（减1或2，加1或2）。

② 解码器通信协议及地址设置。

打开解码器，参见图 3-3-23，并将其拨码开关设置如下图所示，即将地址设置为 1，波特率为 2 400，通信协议为 Pelco-D。

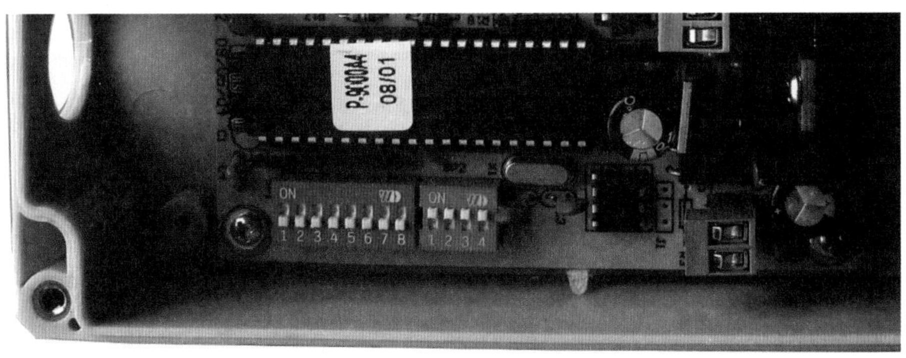

图 3-3-23　解码器内部设置开关实物图

解码器设置开关示意图如图 3-3-24 所示。

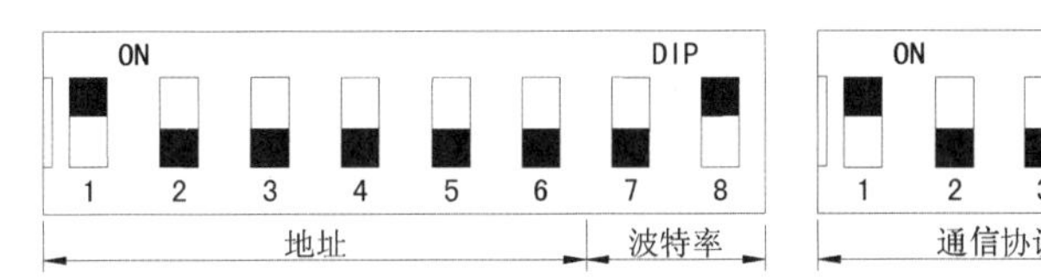

图 3-3-24　解码器设置开关示意图

地址设置如表 3-3-6 表所示：

表 3-3-6　解码器地址设置

编　号	地　址	拨码（0-OFF，1-ON）					
		1	2	3	4	5	6
1	0	0	0	0	0	0	0
2	1	1	0	0	0	0	0
3	2	0	1	0	0	0	0
4	⋮	⋮	⋮	⋮	⋮	⋮	⋮
5	62	0	1	1	1	1	1
6	63	1	1	1	1	1	1

通信协议设置如表 3-3-7 所示。

表 3-3-7　解码器通信协议设置

编　号	通 信 协 议	拨码（0-OFF，1-ON）			
		1	2	3	4
1	PELCO-D	1	0	0	0
2	PELCO-P	0	1	0	0
3	SAMSUNG	1	1	0	0
4	Philips	0	0	1	0
5	RM 110	1	0	1	0

续表

编　号	通 信 协 议	拨码（0-OFF，1-ON）			
		1	2	3	4
6	CCR-20G	0	1	1	0
7	HY、ZR	1	1	1	0
8	KALATEL	0	0	0	1
9	KRE-301	1	0	0	1
10	VICON	0	1	0	1
11	ORX-10	1	1	0	1
12	PANASONIC	0	0	1	1
13	PIH717	1	0	1	1
14	Eastern	0	1	1	1
15	自动选择	0	0	0	0

波特率设置如表 3-3-8 所示。

表 3-3-8　解码器波特率设置

编　号	波 特 率	拨码（0-OFF，1-ON）	
		7	8
1	1 200	1	0
2	2 400	0	1
3	4 800	1	1
4	9 600	0	0

（2）系统主要设备的参数设置及编程操作

① 视频矩阵的参数设置及编程操作。

a. 矩阵切换：

- 按数字键“5”-“MON”，即可切换到通道 5 的输出。
- 按数字键“2”-“CAM”，即可切换输入通道 2 到输出。

注意：上述操作需将监视器切换到输入通道1，且矩阵输出5连接到监视器的输入1。

b. 队列切换：

- 在常规操作时，按 MENU 键可进入键盘菜单。
- 此时可按“↑”键上翻菜单或按“↓”键下翻菜单，直到切换到“7）矩阵菜单”。
- 按“Enter”键，即可进入矩阵菜单，在监视器上可观察到如下菜单：

1 系统配置设置
2 时间日期设置
3 文字叠加设置
4 文字显示特性
5 报警联动设置
6 时序切换设置
7 群组切换设置
8 群组顺序切换
9 报警记录查询
0 恢复出厂设置

- 按“↑”键或按“↓”键，将菜单前闪烁的“ ”切换到“6 时序切换设置”。
- 按“Enter”键，即可进入队列切换编程界面，如下所示：

视频输出 01 驻留时间 02

视频输入

01=0001	09=0009	17=0017	25=0025
02=0002	10=0010	18=0018	26=0026
03=0003	11=0011	19=0019	27=0027
04=0004	12=0012	20=0020	28=0028
05=0005	13=0013	21=0021	29=0029
06=0006	14=0014	22=0022	30=0030
07=0007	15=0015	23=0023	31=0031
08=0008	16=0016	24=0024	32=0032

- 按“↑”键或按“↓”键，将切换闪烁的“ ”，表示当前修改的参数，通过输入数字并按“Enter”键，完成相应的参数修改，最后将其内容修改如下所示：

视频输出 05 驻留时间 05

视频输入

01=0001	09=0000	17=0000	25=0000
02=0003	10=0000	18=0000	26=0000
03=0002	11=0000	19=0000	27=0000
04=0004	12=0000	20=0000	28=0000
05=0003	13=0000	21=0000	29=0000
06=0004	14=0000	22=0000	30=0000
07=0001	15=0000	23=0000	31=0000
08=0002	16=0000	24=0000	32=0000

- 按“DVR”键，返回到矩阵菜单。
- 按“DVR”键，退出矩阵菜单。
- 连续按“Exit”键两次，退出设置菜单。
- 按“SEQ”，即可在输出通道5执行队列切换输出。
- 按“Shift”+“SEQ”键，即可停止该队列。

c. 云台控制。

- 按“5”-“MON”键，切换到通道5输出。
- 按“1”-“CAM”键，切换输入的摄像机1。

注意：
① 这里需要室内万向云台的地址为1，通信协议为Pelco-d，2400。
② 矩阵主机默认的通信协议为Pelco-d，波特率为2400。

- 控制矩阵的摇杆可控制室内万向云台进行相应的转动。
- 按键“Zoom Tele”或“Zoom Wide”即可实现镜头的拉伸。
- 使用摇杆和矩阵键盘切换到室内万向云台的预置点1。
- 按“1”输入预置点号“1”，并按“Shift”+“Call”键，设置室内万向云台的预置点。
- 按照同样方法设置其他不同位置的预置点2、3、4。
- 预置点的调用，按“1”-“CALL”即可切换到预置点1，同样可调用预置点2、3、4。

我知道，每台设备必须遵循相同的通信协议和波特率且地址不能一样，否则通信不上的，师傅，你说对吗？呵呵……

② 硬盘录像机的使用。

a. 画面切换及系统登录。

- 使用监视器的遥控器将监视器切换到视频2。

注意：这里需要将硬盘录像机的视频输出连接到监视器的视频输入2。

- 正常开机后，单击弹出登录对话框，并在“登录系统”对话框中，选择用户名“888888”，输入密码“888888”，单击“确定”按钮即可登录系统。

图 3-3-25　登录对话框

注意：
密码选项的输入法通过单击进行切换。“123”表示输入数字，“ABC”表示输入大写字母，“abc”表示输入小写字母，“:/?”表示输入特殊符号。

- 右击并选择快捷菜单的“单画面”或“四画面”目录下的相应菜单，即可实现单画面或四画面切换。

b. 高速球型云台摄像机的控制。

本操作中，高速球已经连接到硬盘录像机，且高速球解码器的地址为 3，通信协议为 Pelco-d，波特率为 2 400。

在硬盘录像机上，登录系统后，依次进入“主菜单→系统设置→云台设置”界面如图 3-3-26 所示，并设置参数：通道为 1，协议为 PELCOD，地址为 4，波特率为 2400，数据位为 8，停止位为 1，校验为无。单击“保存”按钮，保存设置的参数，右击退出参数设置系统。

云台控制

参数	值
通道	1
协议	DAHUA
地址	1
波特率	9600
数据位	8
停止位	1
校验	无

复制　粘贴　默认　保存　取消

图 3-3-26　云台控制参数设置界面

将监视器的显示界面切换到高速球云台摄像机的监控图像。

右击并选择快捷菜单的“云台控制”命令，进入云台控制界面。如图 3-3-27 所示。

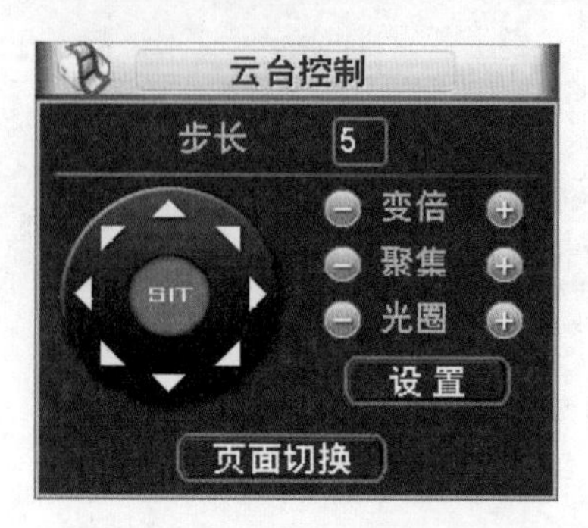

图 3-3-27　云台控制界面 1

单击云台控制界面的“上、下、左、右”箭头即可控制高速球型云台摄像机进行上、下、左、右转动。

单击“变倍”、“聚焦”、“光圈”的“+”和“-”按钮，即可实现相应的操作。

单击“设置”按钮，进入设置“预置点”、“点间巡航”、“巡迹”、“线扫边界”选项等，如图 3-3-28 所示：

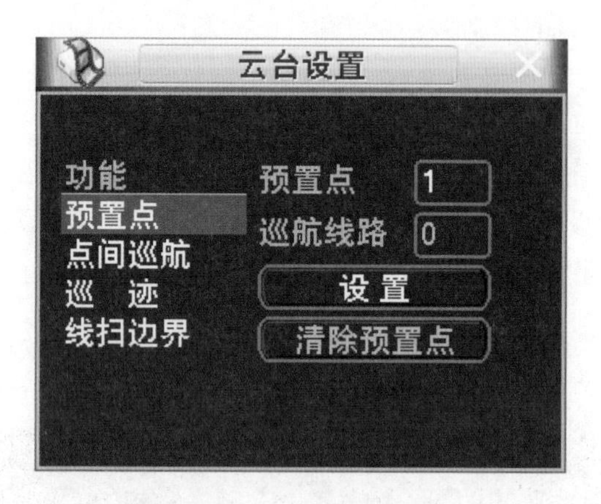

图 3-3-28　云台控制界面 2

预置点的设置：通过云台控制页面，转动摄像头至需要的位置，再切换到云台控制界面 2，单击“预置点”按钮，在预置点输入框中输入预置点值，单击“设置”按钮保持参数设置。

预置点的调用：在预置点的值输入框中输入需要调用的预置点，并单击“预置点”按钮即可进行调用。

右击返回到云台控制界面 1，并单击“页面切换”按钮，进入云台控制界面，如图 3-3-29 所示。

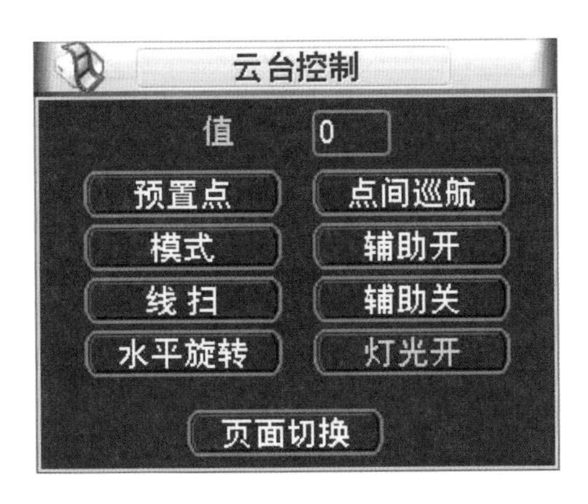

图 3-3-29　云台控制界面 3

在云台控制界面 3 中，主要为功能的调用。

高速球型云台摄像机的预置点顺序扫描：首先，设置高速球型云台摄像机的不同位置预置点 1、2、3、4、5、6；接着，在硬盘录像机上打开云台控制界面 3（见图 3-3-29），设置值为 51，单击“预置点”按钮，即可实现第一条预置点扫描。

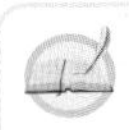

注意：高速球型云台摄像机的特殊预置点51～59分别对应9条预置点扫描队列，可通过设置相应的预置点，并调用该队列的预置点号实现预置点顺序扫描，如表3-3-9所示。

表 3-3-9　高速球型云台摄像机的特殊预置点表

预置点号	调用预置点	设置预置点	说　明
51	第一条预置点扫描		预置点 1 ～ 16 号顺序扫描
52	第二条预置点扫描		预置点 17 ～ 32 号顺序扫描
53	第三条预置点扫描		预置点 33 ～ 48 号顺序扫描
54	第四条预置点扫描		预置点 97 ～ 112 号顺序扫描
55	第五条预置点扫描		预置点 113 ～ 128 号顺序扫描
56	第六条预置点扫描		预置点 129 ～ 144 号顺序扫描
57	第七条预置点扫描		预置点 145 ～ 160 号顺序扫描
58	第八条预置点扫描		预置点 161 ～ 176 号顺序扫描
59	第九条预置点扫描		预置点 1 ～ 48 号顺序扫描

预置点扫描停留时间调整：调用 69+ 调用相应的扫描号 + 调用的停留时间 N，N 为 1 ～ 63s。例如，调用 69+ 调用 51+ 调用 5。

高速球型云台摄像机的顺时针或逆时针 360° 自动扫描：首先，使用硬盘录像机调节高速球型摄像机的监控画面为水平监视，接着，调用高速球型摄像机特殊预置点号 65，最后，再调用自动扫描速度的扫描号 8（可把扫描号当做特殊的预置点），即可实现高速球型摄像机顺时针 360° 自动扫描。

注意：高速球型云台摄像机的顺时针或逆时针360° 自动扫描主要通过调用预置点65实现，其中代表其速度的预置点号从1～20，速度级别1级最慢、10级最快。

高速球型云台摄像机顺时针扫描号与速度对照表如表 3-3-10 所示。

表 3-3-10　顺时针扫描号与速度对照表

扫描号	1	2	3	4	5	6	7	8	9	10
速　度	1 级	2 级	3 级	4 级	5 级	6 级	7 级	8 级	9 级	10 级

高速球型云台摄像机逆时针扫描号与速度对照表如表 3-3-11 所示。

表 3-3-11　逆时针扫描号与速度对照表

扫描号	11	12	13	14	15	16	17	18	19	20
速　度	1 级	2 级	3 级	4 级	5 级	6 级	7 级	8 级	9 级	10 级

高速球型云台摄像机的水平线扫：首先，设置水平线扫的起点 11 号预置点和终点 21 号预置点，接着调用 66 号预置点，再调用 1 号预置点，则高速球型云台摄像机执行在预置点 11 号和 21 号的顺时针水平扫描。

师傅，我知道了，这个地方也要注意：线扫的起点和终点应为同一水平面上的两个不同点，不同的扫描号对应的起止点（预置点）不一致，具体可参考下表，表内预置点斜杠前的数值为起点，斜杠后的数值为终点。

高速球型云台摄像机的水平线扫顺时针扫描号与预置点对照如表 3-3-12 所示。

表 3-3-12　顺时针扫描号与预置点对照表

扫描号	1	2	3	4	5	6	7	8	9	10
预置点	11/21	12/22	13/23	14/24	15/25	16/26	17/27	18/28	19/29	20/30

高速球型云台摄像机的水平线扫逆时针扫描号与预置对照表。

表 3-3-13　逆时针扫描号与预置点对照表

扫 描 号	11	12	13	14	15	16	17	18	19	20
预 置 点	11/21	12/22	13/23	14/24	15/25	16/26	17/27	18/28	19/29	20/30

线扫速度调整：调用 67+ 调用相应的扫描号 + 调用的速度等级 N，N 为 1 ~ 63。例如，调用 67+ 调用 1+ 调用 5。

线扫停留时间调整：调用 68+ 调用相应的扫描号 + 调用的停留时间 N，N 为 1 ~ 250 s。例如，调用 68+ 调用 1+ 调用 5。

删除所有的预置点：通过调用特殊预置点号 71，即可删除所有的预置点。

③ 手动录像。

a．登录系统，依次进入“高级选项→录像控制”界面，如图 3-3-30 所示。

b．使用鼠标选择相应的手动录像通道，并单击“确定”键保存参数设置，即可完成该通道的手动录像。

c．等待 10min 后，将通道 1 的录像控制状态改为“关闭”，即可关闭通道 1 的录像。

④ 定时录像。

a．登录系统，依次进入“高级选项→录像控制”界面，将通道 2 的录像状态改为“自动”，保存并退出。

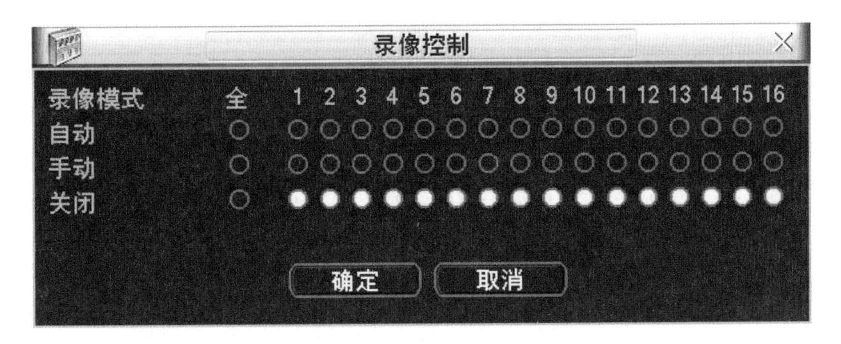

图 3-3-30　“录像控制”界面

b．依次进入“系统设置→录像设置”界面（见图 3-3-31），参数设置：通道为 2，星期为全，时间段 1：00：00-24：00（注意：这里可修改为当前系统时间到录像结束时间，一般录像时间可依据教学时间进行设置，将开始时间设置为当前时间，结束时间为当前时间多加 10min 左右），选择时间段 1 的“普通”，其他保持默认设置，选择保存并退出。即打开通道 2 的定时录像功能。

注意：本实训中，选中状态为反显“■”或者反显“●”。

⑤ 系统报警及联动。

a．将高速球云台摄像机的镜头对准智能大楼的门口方向，在硬盘录像机上设置云台控制界面 2 的值为“1”，单击“预置点”，并退出云台控制界面。

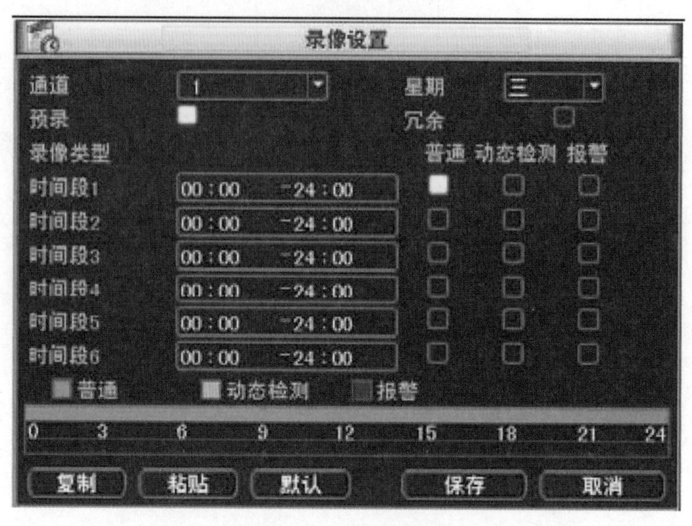

图 3-3-31 录像设置界面

b．在硬盘录像机上登录系统，依次进入“高级选项→录像控制”界面，将通道 3 的录像状态改为“自动”，保存并退出。

c．依次进入“系统设置→录像设置”界面，参数设置：通道为 3，星期为全，时间段 1 ：00：00-24：00，选择时间段 1 的“报警”，其他保持默认设置，选择保存并退出。

d．依次进入“系统设置→报警设置”界面，参数设置：报警输入为 1，报警源为本机输入，设备类型为常开型，录像通道选中“3”，延时为 10s，报警输出选中“1”，时间段 1：00：00-24：00，并选中时间段 1 的“报警输出”和“屏幕提示”，如图 3-3-32 所示。

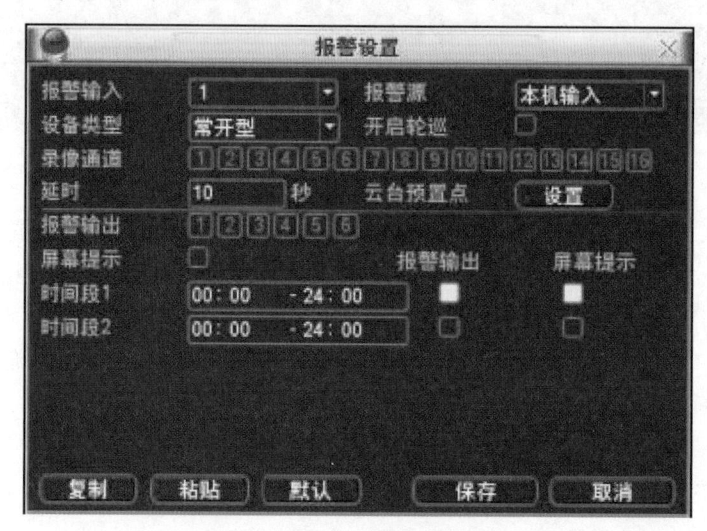

图 3-3-32 “报警设置”界面

e. 单击“云台预置点”右边的“设置”按钮，在打开的云台联动设置界面中，选择通道三为“预置点”，设置值为“1”，单击“保存”并退出，如图 3-3-33 所示。

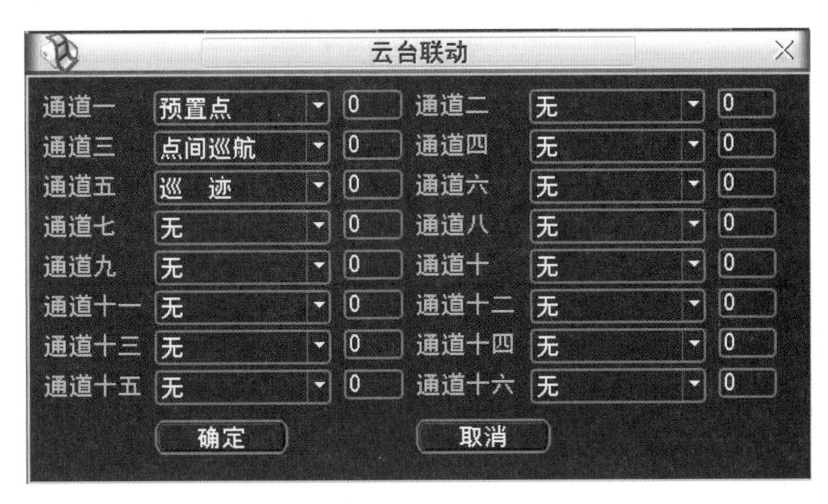

图 3-3-33　云台联动设置界面

f. 依次进入“高级选项→报警输出”界面，并将所有的通道选择“自动”，单击“确定”按钮保存并退出，如图 3-3-34 所示。

g. 用物体挡在红外对射探测器之间，即在屏幕上提示报警，且开始录像通道 1 的画面，观察硬盘录像机的录像指示灯及声光报警器的状态。打开紧急按钮，并观察监视器屏幕显示、硬盘录像机的录像指示灯及声光报警器的状态。

其他设备参数设置见光盘。

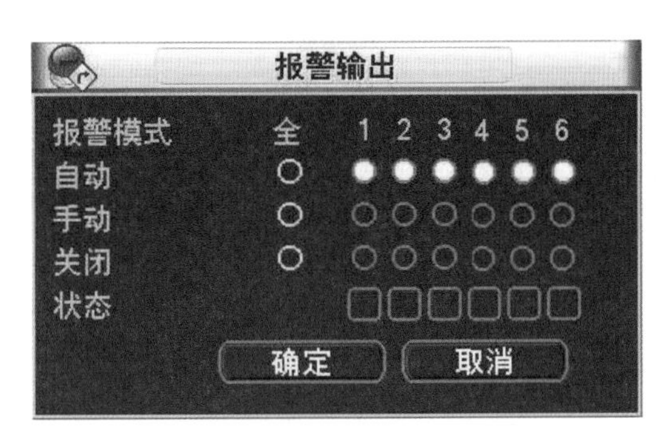

图 3-3-34　“报警输出”设置界面

5. 系统常见故障分析

系统在安装调试过程中，难免会发生故障，若发现故障，如何去解决故障是考验同学们知识掌握的程度。相关知识掌握得充分，解决问题的能力就高。下面介绍下系统主要设备发生故障时的现象、造成故障的可能原因及故障排除方法，供大家在系统调试中进行故障分析时作为参考。

(1) 视频监控系统故障分析

视频监控系统故障分析如表 3-3-14 所示。

表 3-3-14　视频监控系统常见故障分析

序号	故障现象	故障原因分析	排除方法
1	高速球机没有图像信号	1. 视频电缆没接好或视频线断路 2. 视频线在视频矩阵上接错位置 3. 电源线没有接好	1. 检查视频电缆，重新接好 2. 参照手册，正确接线 3. 重新接好电源线
2	高速球机转着不停	1. 参数未设置好 2. 控制线接错	1. 重新设置参数 2. 检查控制线
3	全方位云台有图像不受控	1. 控制线接错或断路 2. 参数设置不正确	1. 检查控制线 2. 重新设置参数
4	某液晶监视器不亮	1. 电源线未接好或电源插头松 2. 遥控器通道设置错误 3. 矩阵到监视器线路不通	1. 检查电源插头和接线 2. 设置监视器通道参数 3. 检查视频信号回路
5	红外摄像机无图像	1. 视频线接错或断路 2. 矩阵参数设置不正确	1. 检查视频线 2. 重新设置参数
6	枪形摄像机无图像	1. 视频线接错或断路 2. 矩阵参数设置不正确	1. 检查视频线 2. 重新设置参数
7	所有摄像机没有图像	1. 视频矩阵端子接错 2. 硬盘录像机视频输出线接错	1. 检查视频矩阵线路端子 2. 检查硬盘录像机视频线接头是否接错
8	全方位云台上下动作颠倒	云台控制线路接错	重新检查，正确接线
9	高速球机有信号但不受控	1. 控制线接错或断路 2. 球机参数设置不正确 3. 矩阵参数设置不正确	1. 检查控制线 2. 设置球机通讯参数 3. 重新设置矩阵参数

（2）周边防范系统故障分析

周边防范故障分析如表 3-3-15 所示。

表 3-3-15　周边防范故障分析

序号	故障现象	故障原因分析	排除方法
1	通电后，报警器鸣叫	1. 门磁开关打开或门磁开关坏 2. 红外对射开关没有对好 3. 红外对射开关线路接错 4. 硬盘录像机参数设置错误	1. 关闭门磁开关打开或更换门磁开关 2. 重新对好红外对射开关 3. 检查红外对射开关接线端，正确接线 4. 硬盘录像机参数正确设置
2	报警发生时，不报警	1. 检查报警器电源 2. 检查报警器电气回路	检查报警器电源及报警电气回路
3	门磁报警失效	1. 门磁开关损坏	更换门磁开关

知识、技能归纳

本任务包括视频监控和周边防范两大部分，通过装调对系统的结构、各设备之间的关系和功能有了更深入的理解。通过自己动手安装与调试，能够掌握系统相关设备的安装规范，线路的敷设、参数设置等技能。

工程素质培养

THBAES 型楼宇智能化工程实训系统安装与调试项目，锻炼了学生的动手能力，让同学们从项目需求到方案设计到系统调试有了完整认识，培养了工程项目实战能力，这种能力可以延伸到其他工程项目。通过项目实训，可以培养同学们对前沿技术的兴趣，养成良好的职业习惯，使同学们尽快成长，缩短与社会的距离。

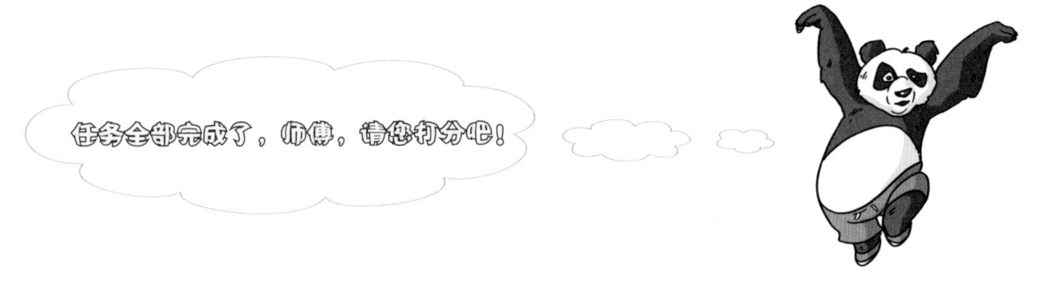

附表　视频监控及周边防范子系统的装调技能训练考核评分表

序　号	重点检查内容	评　分　标　准	分　值	得　分	备　注
器件安装：共 30 分		器件安装得分：			
1	CRT 监视器	器件选择正确、安装位置正确、器件安装后无松动	1.5		
2	视频矩阵		1.0		
3	硬盘录像机		1.0		
4	液晶监视器		2.0		
5	高速球机		3.5		
6	全方位云台一体机		5		
7	红外摄像机		2.5		
8	枪式摄像机		2.5		
9	红外对射开关		2.5		
10	门磁开关		1.5		
11	报警器		2		
12	解码器		4.5		
小计					
功能要求：共 50 分		功能要求得分：			
1	各摄像机画面能显示	CRT 监视器上可以看到个摄像机画面，画面清晰无噪点、抖动	5		

续表

序　号	重点检查内容	评　分　标　准	分　值	得　分	备　注
2	通过矩阵切换各摄像机画面	通过矩阵，可以将任意画面进行切换、合成显示	5		
3	通过矩阵控制室内万向云台旋转	通过矩阵，控制室内万向云台，可实现上、下、左、右、聚焦、变焦等动作	5		
4	通过硬盘录像机控制高速球型云台摄像机旋转、变倍和聚焦	通过硬盘录像机，控制高速球机，可实现上、下、左、右、聚焦、变焦等动作	5		
5	能够使用硬盘录像机设置并调用高速球型云台摄像机的预置点	能够使用硬盘录像机设置并调用高速球型云台摄像机的预置点，实现高速球型云台摄像机的预置点顺序扫描、顺时针扫描、逆时针扫描、线扫（三选一）等操作	10		
6	通过硬盘录像机实现报警和预置点联动录像	红外对射探测器触发时，声光报警器报警，同时高速球云台摄像机实现预置点联动录像。	10		
7	通过硬盘录像机实现枪形摄像机的动态检测报警录像	通过硬盘录像机实现枪形摄像机的动态检测报警录像，并联动声光报警器报警	10		
小计					
接线与布线：共15分		接线与布线得分：			
1	高速球机	接通5根连接线	1		
2	解码器	接通12根连接线	2.5		
3	红外摄像机	接通3根连接线	1.0		
4	枪式摄像机	接通3根连接线	1.0		
5	视频矩阵	接通9根连接线	2.5		
6	硬盘录像机	接通7根连接线	2.0		
7	红外对射开关（一对）	接通6根连接线	2.0		
8	CRT监视器	接通4根连接线	1.5		
9	液晶监视器（2个）	接通2根连接线	0.5		
10	门磁开关	接通2根连接线	0.5		
11	报警器	接通2根连接线	0.5		
小计					
安装工艺：共5分		安装工艺得分：			
1	布线与接线工艺	线路连接、插针压接质量可靠；电线长度合适，避免过长或过短；线路号码管规范、字迹清楚；线槽、桥架工艺布线规范；各器件接插线与延长线的接头处套入热缩管作绝缘处理	5		
小计					

任务四 综合布线子系统的安装与调试

任务目标

1. 能描述综合布线系统的组成和系统功能；
2. 能设计综合布线系统；
3. 能进行综合布线系统的安装与调试。

综合布线子系统是THBAES型楼宇智能化工程实训系统的一个重要组成部分。它主要由程控交换机、网络交换机、语音模块、网络模块和网络线缆组成，其实物局部图如图3-4-1所示。

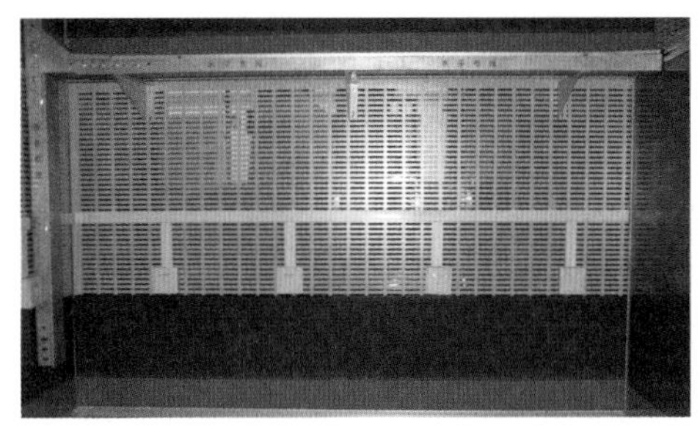

图3-4-1 综合布线子系统实物局部图

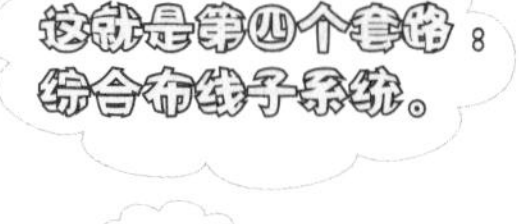

子任务一 THBAES型楼宇智能化工程实训系统综合布线子系统的认知

任务目标

1. 描述综合布线系统的组成和系统功能；
2. 认识设计综合布线系统结构和器件。

1. THBAES型楼宇智能化工程实训系统综合布线子系统的功能

通过接线、安装和调试，THBAES型楼宇智能化工程实训系统综合布线子系统应实现如下的功能：

① 程控交换机应用：能够通过程控交换机设置，实现整个实训环境中所有电话都能相互通话。

② 网络交换机应用：能够通过网络交换机设置，实现整个实训环境中所有网络点都能正常使用。

2. THBAES型楼宇智能化工程实训系统综合布线子系统的结构

综合布线子系统的架构图如图3-4-2所示。其中电话程控交换机、以太网交换机、RJ45配线架及语音配线架是放置在管理中心的网络机柜中，是整个综合布线子系统的管理中心。下面首先认识THBAES型楼宇智能化工程实训综合布线子系统的主要模块及相关器件。

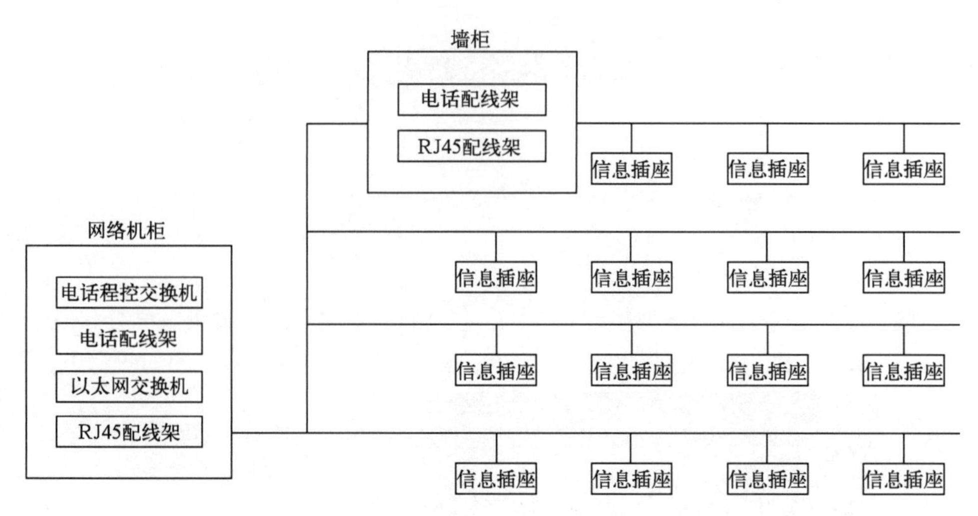

图 3-4-2　综合布线子系统架构图

3. THBAES 型楼宇智能化工程实训系统综合子系统主要模块、器件认知

综合布线子系统的主要模块、器件如图 3-4-3 和表 3-4-1 所示。

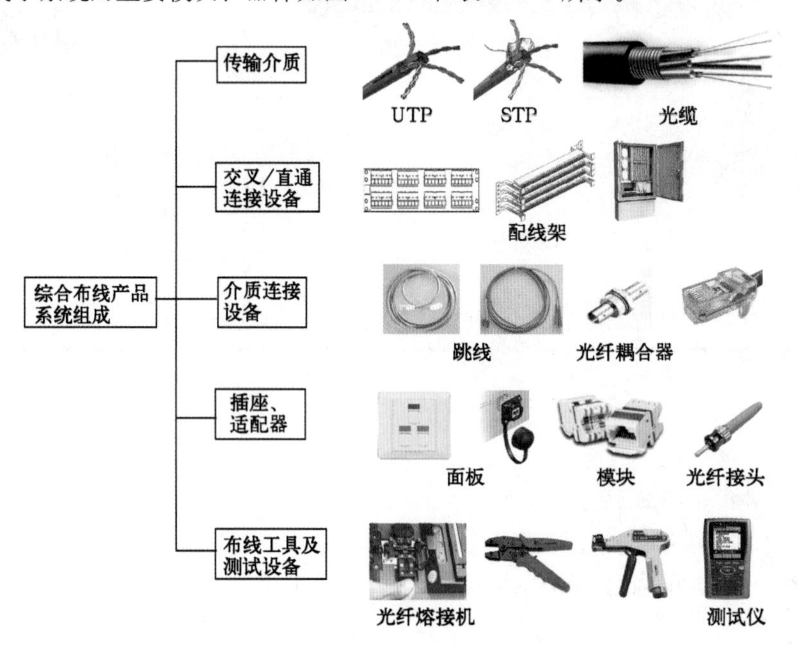

图 3-4-3　综合布线系统的器件

表 3-4-1　综合布线子系统器件清单

名　　称	图　　片	用　　途
网络压线钳		网络线缆 RJ45 头压接。

续表

名　　称	图　　片	用　　途
单线打线钳		网络线缆压接
网络通断测试仪		网络线缆通断性测试
110 100 对语音配线架		语音线缆压接
24 口 RJ45 网络配线架		网络线缆压接
程控交换机	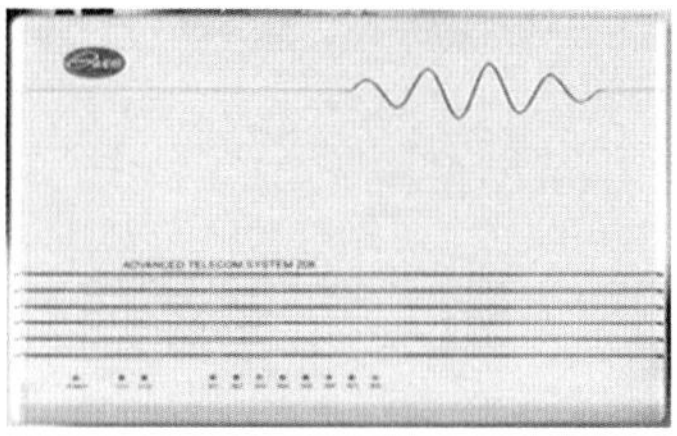	语音互连
网络交换机		网络互连
RJ45 水晶头		网络线缆端接
数据模块		网络线缆端接

1. THBAES 型楼宇智能化工程实训系统综合布线子系统主要设备的端接说明

（1）RJ45 配线架的接线说明

在 RJ45 配线架背面放置标示后，参考 T568B 标准，颜色对应打线，左边为纯色，右边为混色，如图 3-4-4 所示。

卡槽	蓝色	白蓝	橙色	白橙	绿色	白绿	棕色	白棕
色标	蓝色		橙色		绿色		棕色	

图 3-4-4　配线架端接标示表

（2）RJ45 水晶头端接说明

按照 ANSI/TIA/EIA 568-B 标准，RJ45 水晶头（见图 3-4-5）排列顺序依次是 1- 白 / 橙、2- 橙、3- 白 / 绿、4- 蓝、5- 白 / 蓝、6- 绿、7 白 / 棕、8- 棕。

（3）网络模块的端接说明

按照网络模块背面端接说明表进行端接，注意在进行端接时采用 ANSI/TIA/EIA 568-B 标准，保持在整个电路系统中的统一，如图 3-4-6 所示。

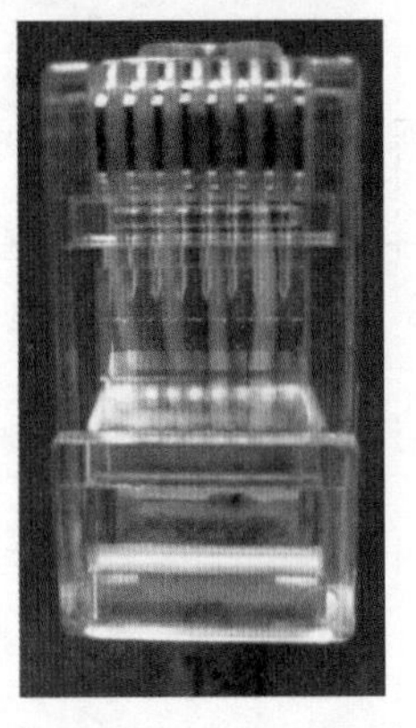

图 3-4-5　RJ45 水晶头

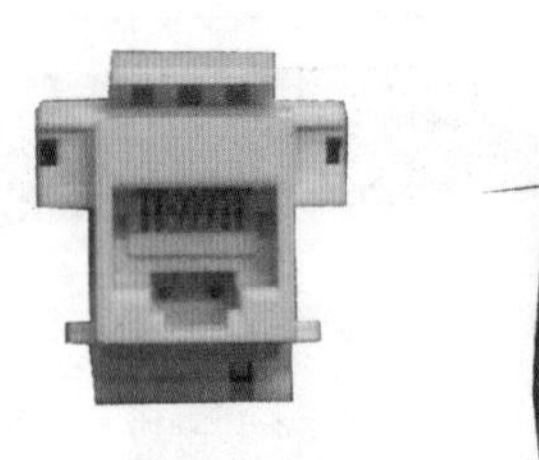

图 3-4-6　网络模块

2. THBAES-3 型楼宇智能化工程实训系统综合布线子系统系统设计

THBAES 型楼宇智能化工程实训系统综合布线子系统原理图如图 3-4-7 所示。

喔，综合布线子系统还这么复杂，我要好好学习！

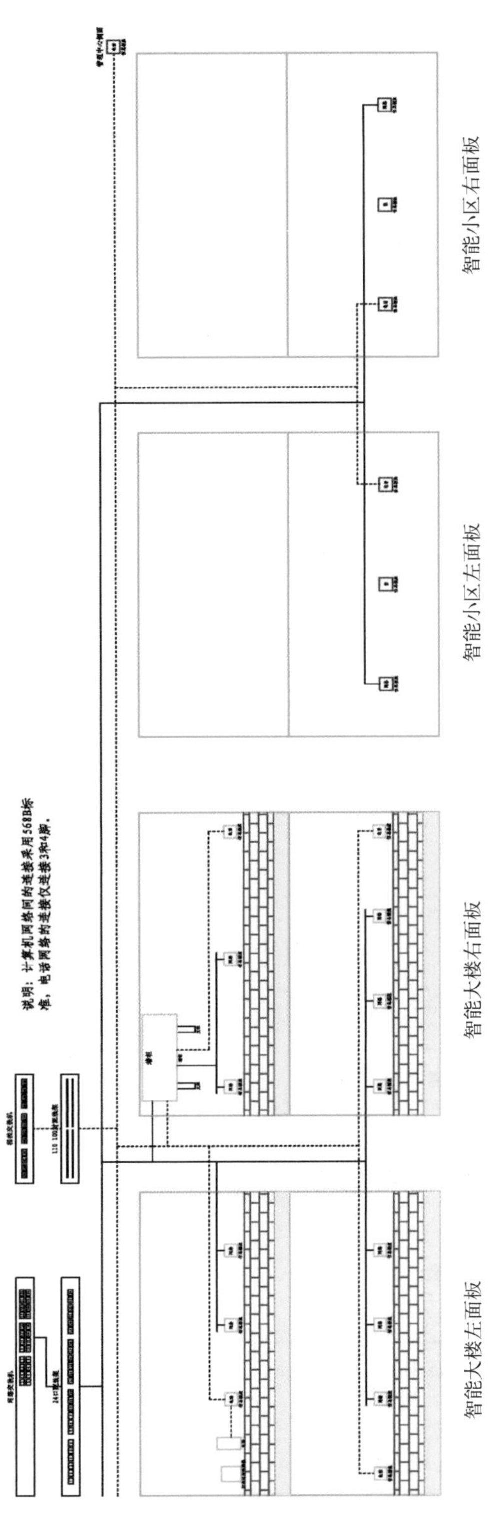

图 3-4-7　THBAES 型楼宇智能化工程实训系统综合布线子系统原理图

任务目标

1. 能根据综合布线系统要求组织施工流程；
2. 能选择相应工具和材料；
3. 能进行综合布线系统的安装与调试。

1. 综合布线子系统的训练要求

根据综合布线子系统的工艺要求，先按计划进行信息模块、语音模块的安装、布线与调试，三人一组，要在大约 3h 内完成。

训练要求：

① 系统图绘制。

② 网络、语音线缆敷设。

③ 信息模块、语音模块安装。

④ 线缆端接。

⑤ 网络、语音测试。

2. 施工流程

为了能够高效率地完成综合布线子系统安装调试的技能训练，在进行技能训练之前，应该制定出一个完整的施工步骤流程（见图 3-4-8），并按照表 3-4-2 的计划执行。

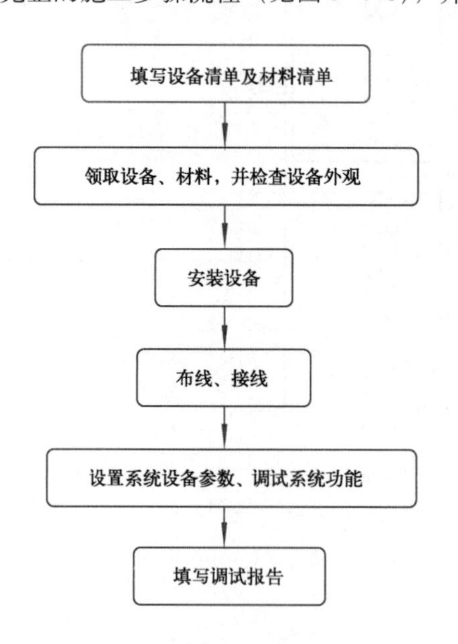

图 3-4-8　综合布线子系统施工流程图

表 3-4-2　工作计划表（流程与步骤）

步　骤	内　　容	计划时间	实际时间	完成情况
1	清点器件、工具及耗材数量	5min		
2	查看任务书（熟悉任务书要求）	10min		
3	绘制综合布线子系统接线图	25min		
4	网络、语音线缆敷设	15min		
5	信息、语音模块安装	1h		
6	线缆端接	30min		
7	网络、语音系统测试	35min		

综合布线子系统的安装与调试时间为 3h，计划时间为参考时间，要自己填写实际时间。

3．工具材料准备

材料清单如表 3-4-3 所示。

耗材：网络线缆各 150m、语音线缆 100m

工具准备：网络压线钳、剥线钳、剪刀、斜口钳、小十字螺钉旋具、小一字螺钉施具、单线打线刀、网络测试仪。

表 3-4-3　材料清单

序　号	代　号	物品名称	规　　格	数　量	备注（产地）
1		网络线缆			
2		语音线缆			
3		RJ45 水晶头			
4		RJ11 语音头			
5		网络模块			
6		语音模块			
7		网络、语音接线盒			
8		网络配线架			
9		语音配线架			
10		网络交换机			
11		语音 交换机			
12		各种配件			

仔细查看器件，根据所选系统及具体情况填写表中的规格、数量、产地。

4．安装注意事项

① 面板、模块安装按照要求进行布点。

② 线缆布放按照线槽链路进行，线缆两端要设置标识，两端端接裕量控制在 20 ~ 30cm。

③ 线缆端接一般按照 ANSI/TIA/EIA 568-B 标准进行，要保证整个链路系统的统一。

5．安装与调试过程

综合布线子系统主要模块的安装调试步骤如下：

① 元器件检测。

② 网络、语音面板安装。

③ 网络、语音线缆敷设。

④ 网络、语音接线端接。

⑤ 网络、语音通断性检测。

（1）综合布线子系统设备的安装

① 电话程控交换机。将电话程控交换机放置在网络机柜的矩阵主机上面。

② 以太网交换机。将以太网交换机固定到网络机柜内的下方。

③ RJ48 配线架和电话配线架。将配线架固定到网络机柜内的以太网交换机的下方和墙柜中，它们的安装方式相同。

④ 底盒和模块的安装。将底盒固定到网孔板上，并将模块固定到底盒的面板上，安装时要注意安装方向，避免安装后无法正常连接 RJ5 水晶头。

⑤ 墙柜。将墙柜固定到智能大楼的正面上方的网孔板上，且在其底部安装支架。

（2）接线

① RJ45 配线架的接线(见图 3-4-9)。在 RJ45 配线架背面放置标示后,参考 T568B 标准，颜色对应打线，左边为纯色，右边为混色。

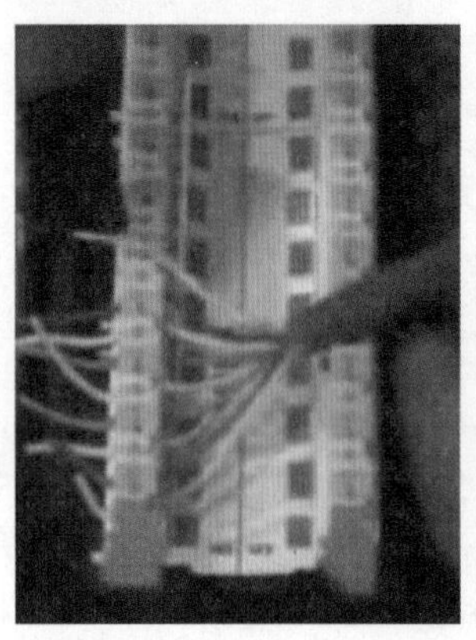
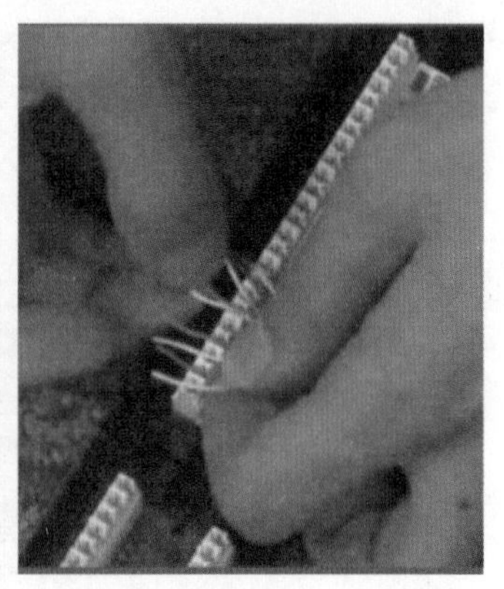

图 3-4-9 RJ45 配线架打线示意图

② 110 100 对配线架的接线（见图 3-4-10）。

a. 先将从程控交换机出来的电话线全部对应地放进网络机柜内 110 100 对配线架的卡槽内，接着手持连接模块，使连接模块上面的灰色标识向下，对准卡槽使劲插入，将其固定到 110 电话配线架上面。

b. 使用打线工具将线缆固定，并切断多余的导线。

c. 剥去电话线的绝缘胶皮，并将电话线按照红、绿颜色分别卡在连接模块的蓝、橙、绿、棕标识两边。

d. 手持打线钳，将卡刀（有刀刃口的一端朝外）一端插入已插好线的接线模块的卡槽内，用力往下压打线钳的另一端，当听到“卡”的一声，则表示已将线卡入接线块的卡槽内；使用相同的办法将其他线缆卡接到连接模块的卡槽内。

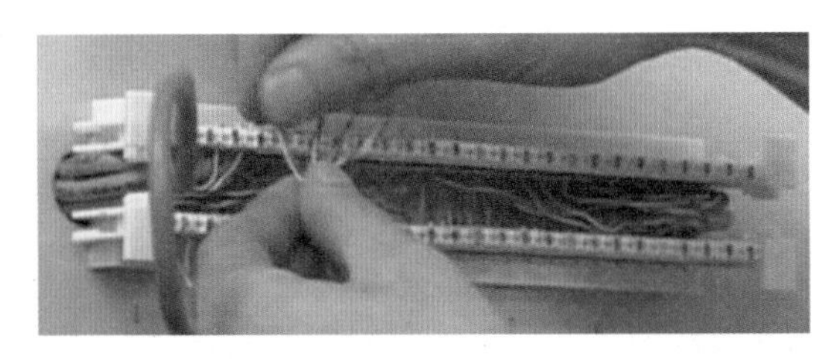

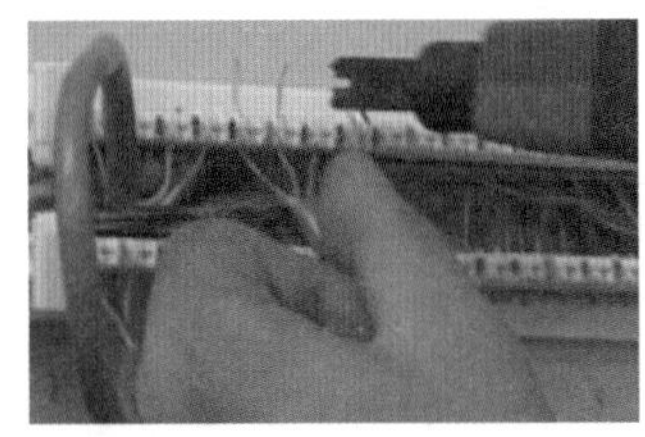

图 3-4-10　110 配线架打线示意图

③ 模块的接线。

a. 手持压线钳（有双刀刃的面靠内；单刀刃的面靠外），将超五类线从压线钳的双刀刃面伸到单刀刃面，并向内按下压线钳的两手柄，剥取一端超五类线的绝缘外套约 30mm 长（注意，该操作过程中容易造成导线被误切断）。

b. 取一根剥除绝缘胶皮的线，按照信息模块上标识（B 类线标准）的颜色，放入对应信息模块 5 或信息模块 6 接线块的卡槽内。

c. 手持打线钳，将卡刀（有刀刃口的一端朝外）一端插入已插好线的信息模块接线块的卡槽内，用力往下压打线钳的另一端，当听到“卡”的一声，则表示已将线卡入接线块的卡槽内，如图 3-4-11 所示。

用同样方法将超五类线的另外 7 根线卡入信息模块接线块的卡槽内。

电话模块的卡线仅需卡接中间的两根线缆，方法与 RJ45 模块相同。

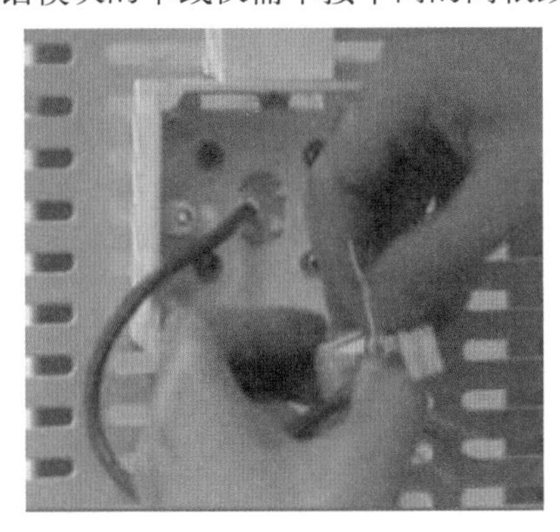

图 3-4-11　RJ45 模块打线示意图

④ 制作 ANSI/TIA/EIA 568-B 数据跳线（见图 3-4-12）。

a. 手持压线钳（有双刀刃的面靠内，单刀刃的面靠外），将超五类线从压线钳的双刀刃面伸到单刀刃面，并向内按下压线钳的两手柄，剥取一端超五类线。

b. 按照 ANSI/TIA/EIA 568-B 标准，将剥取端的 8 根线按 1- 白 / 橙、2- 橙、3- 白 / 绿、4- 蓝、5- 白 / 蓝、6- 绿、7 白 / 棕、8- 棕的顺序顺时针排成一排；

c. 取一个 RJ45 水晶头（带簧片的一端向下，铜片的一端向上），将排好的 8 根线成一排按顺序完全插入水晶头的卡线槽。

d. 将带线的 RJ45 水晶头放入压线钳的 8P 插槽内，并用力向内按下压线钳的两手柄；

e. 按下 RJ45 水晶头的簧片，取出做好的水晶头。

按同样的方法制作超五类线另一端 RJ45 水晶头。

f. 将做好的跳线两端，分别插入到 RJ45 网络测试仪两个 8 针的端口，然后将测试仪的电源开关打到“ON”的位置，此时测试仪的指示灯 1 ～ 8 应依次闪亮。如有灯不亮，则表示所做的跳线不合格。其原因可能是两边的线序有错，或线与水晶头的铜片接触不良，需重新压接 RJ45 水晶头。

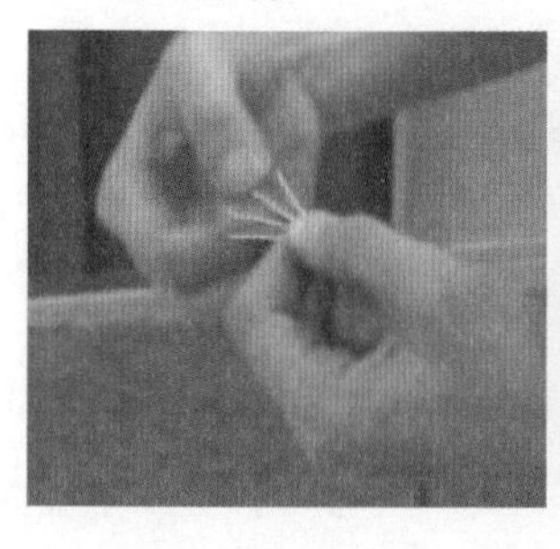
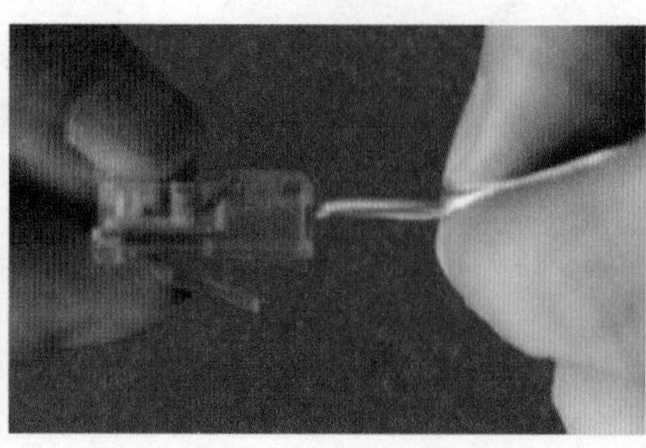
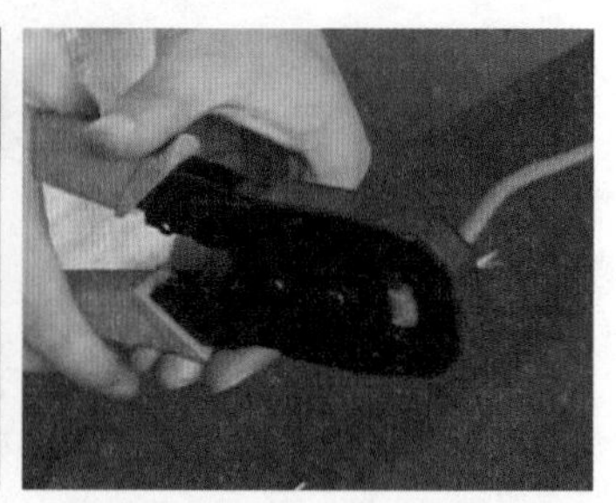

图 3-4-12　数据跳线制作示意图

⑤ 系统布线。

参考系统接线的相关内容，按照以下要求布线。

a．智能大楼内侧面上网孔板，从左往右算，第一个信息插座为语音插座，连接到网络机柜内容的 110 100 对电话配线架上，最后连接到程控交换机的 802 端口；第二、三个信息插座连接到网络机柜内的 RJ45 配线架的第一、二个端口。

b．智能大楼内侧面下网孔板，从左往右算，第一个信息插座为语音插座，连接到网络机柜内容的 110 100 对电话配线架上，最后连接到程控交换机的 803 端口；第二、三、四个信息插座连接到网络机柜内的 RJ45 配线架的第三、四、五个端口。

c．智能大楼内正面上网孔板，从左往右算，第三个信息插座为语音插座，连接到墙柜内的 110 100 对电话配线架上，并通过电话线连接到网络机柜内的 110 100 对电话配线架上，最后连接到程控交换机的 804 端口；第一、二个信息插座连接到墙柜内的 RJ45 配线架的第十三、十四个端口。

d．智能大楼内正面下网孔板，从左往右算，第四个信息插座为语音插座，连接到网络机柜内容的 110 100 对电话配线架上，最后连接到程控交换机的 805 端口；第一、二、三个信息插座连接到网络机柜内的 RJ45 配线架的第八、九、十个端口。

e．智能小区内左侧下网孔板，从左往右算，第三个信息插座为语音插座，连接到网络机柜内容的 110 100 对电话配线架上，最后连接到程控交换机的 806 端口；第一个信息插座连接到网络机柜内的 RJ45 配线架的第十一个端口；中间的信息插座为空。

f．智能小区内右侧下网孔板，从左往右算，第一个信息插座为语音插座，连接到网络机柜内容的 110 100 对电话配线架上，最后连接到程控交换机的 807 端口；第三个信息插座连接到网络机柜内的 RJ45 配线架的第十二个端口；中间的信息插座为空。

g．墙柜内 RJ45 配线架的第一、二端口连接到网络机柜内 RJ45 配线架的第六、七端口。

h．使用网络跳线将墙柜内的 RJ45 配线架的第一、二端口和十三、十四端口对应连接。

i．使用网络跳线连接网络机柜内的 RJ45 配线架前十二个端口到以太网交换机的以太网端口。

⑥ 制作语音跳线。

a．使用压线钳剥去一段电话线的外套。

b．将电话线按照绿、红的顺时针方向排列，插入 RJ11 水晶头（带簧片的一端向下，铜片的一端向上）的正中两插槽内。

c．将该 RJ11 水晶头放入压线钳的 6P 插槽内，并用力向内按下压线钳的两手柄。

d．取出并制作电话线另外一端的 RJ11 水晶头。

将做好的跳线两端，分别插入到 RJ11 网络测试仪两个 6 针的端口，然后将测试仪的电源开关打到“ON”的位置，此时测试仪的指示灯 3、4 依次闪亮，如有灯不亮，则所做的跳线不合格。其原因可能是两边的线序有错，或者线与水晶头的铜片接触不良，要重新压接 RJ11 水晶头，跳线测试示意图如图 3-4-13 所示。

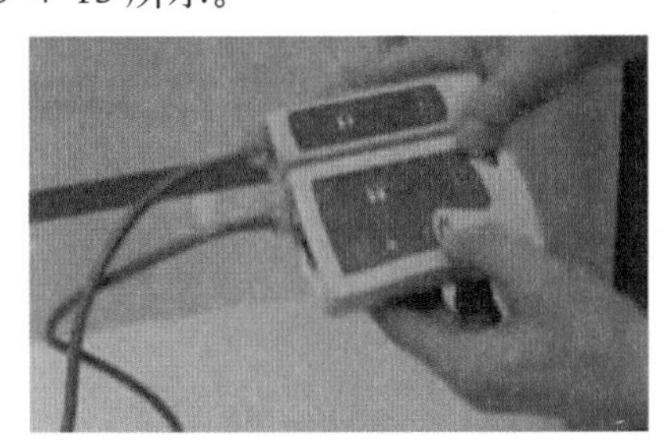

图 3-4-13　跳线测试示意图

按情况填写调试运行记录表，如表 3-4-4 所示。

表 3-4-4　调试记录表

观察项目 / 结果 / 操作步骤	设备检查（设备数量够不够）	安装美观牢固	接线美观紧固
元器件检测			
网络、语音面板安装			
网络、语音线缆敷设			
网络、语音接线端接			
网络、语音通断性检测			

6．常见故障分析

综合布线子系统分析如表 3-4-5 所示。

表 3-4-5　综合布线子系统故障分析

序号	故 障 现 象	故 障 原 因 分 析	排 除 方 法
1	网络联通测试不通	网络链路中设备端接不好、联通测试仪故障	重新端接
2	语音测试不通	语音链路中设备端接不好	重新端接

知识、技能归纳

通过综合布线子系统的安装与调试技能训练，能对该系统的结构和功能有更深入的理解，可以读懂、绘制布线图纸，正确使用工具，掌握系统相关设备的安装规范，培养线路的敷设、连接技能，以及系统调试操作技能。

工程素质培养

通过查阅设备生产厂家的设备使用说明书及 THBAES 型楼宇智能化工程实训系统使用手

册，进一步熟悉综合布线子系统及系统设备的使用，通过网络查阅相关资料，了解最新的行业动态和技术发展。

任务完成了，请您评判吧！

附表　综合布线子系统考核评分表

序号	重点检查内容	评分标准	分值	得分	备注
器件安装：共22分		器件安装得分：			
1	墙柜安装	器件选择正确、安装位置正确、器件安装后无松动	4		
2	网络交换机安装		4		
3	程控交换机安装		4		
4	语音模块安装		4		
5	网络模块安装		4		
6	信息面板安装		4		
小计					
功能要求：共50分		功能要求得分：			
1	所有的信息插座（语音模块）有标号并能能正常使用		10		由于功能较多，具体功能无法详细列举，现将各个类型给予评分
2	智能大楼电话机和管理中心电话机能够相互通话，且语音清晰		20		
3	用网络测试仪依次测试RJ45网络信息插座均正常导通		20		
小计					
接线与布线：共18分		接线与布线得分：			
1	网络模块端接	接通2根连接线	3		
2	语音模块端接	接通2根连接线	3		
3	网络配线架端接	接通2根连接线	3		
4	语音配线架端接	接通2根连接线	3		
5	网络线缆敷设	接通4根连接线	3		
6	语音线缆敷设	接通6根连接线	3		
小计					
安装工艺：共10分		安装工艺得分：			
1	布线与接线工艺	线路连接、插针压接质量可靠；线槽、桥架工艺布线规范	10		
小计					

任务五　DDC控制系统的安装与调试

任务目标

1. 能描述照明控制系统的组成，掌握系统功能；
2. 掌握楼宇智能化中DDC编程、软件组态应用、lonworks网络应用；
3. 能进行楼宇智能化DDC监控及照明控制系统的安装与调试。

在智能建筑中，电气照明是衡量一个安全、高效、舒适、便利的建筑环境的一个重要指标。绿色照明已经正式列入国家计划，终端节能优先的观念已经深入人心。智能建筑中照明用电仅次于空调系统，如何既可以保证质量又节约能源，不仅是照明控制的主要内容，也是智能建筑设备自动化系统运行管理的一个重要组成部分，目前的智能大楼一般是采用DDC 控制系统来实现。在 THBAES 型楼宇智能化工程实训系统中，安装有 HW_BA5208 和 HW_BA5210 两个海湾系列的 DDC 控制器，通过该系统可以让学生了解智能建筑中照明配电线路的基本结构，熟悉照明监控系统，掌握照明子系统在楼宇自动化系统中的应用，从而对DDC 的控制也可应用。

子任务一　DDC 照明监控系统的认知

任务目标

1. 能描述照明监控系统的结构；
2. 掌握 DDC 照明监控系统的功能。

目前国内常用的楼宇控制系统有霍尼韦尔（Honeywell）、西门子（SIEMENS）、江森（JOHNSON）、施耐德电气（TAC）、清华同方（TSINGHUA TONGFANG）及海湾（GST）等品牌，而不同厂家不同型号的 DDC 结构和使用不一样，在 THBAES 型楼宇智能化工程实训系统中使用的是海湾 DDC 控制模块（见图 3-5-1），下面就以 THBAES 型楼宇智能化工程实训系统为例来认识 DDC 照明监控系统的结构。

我们先了解了解系统结构吧！

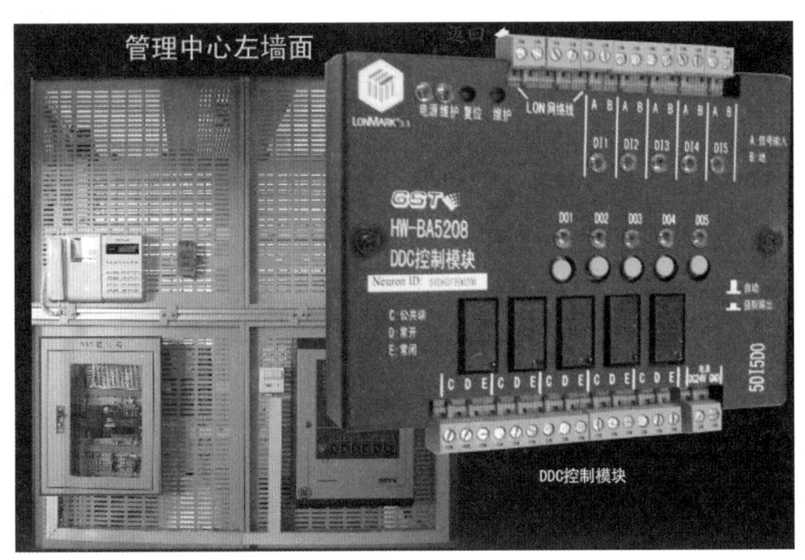

图 3-5-1　THBAES 型楼宇智能化工程实训系统 DDC 安装图

1．DDC 照明监控系统构成

THBAES 型楼宇智能化工程实训系统 DDC 照明监控系统由 DDC 控制器、lonworks 接口卡、上位监控系统（力控组态软件）、照明控制箱和照明灯具组成，如图 3-5-2 所示：

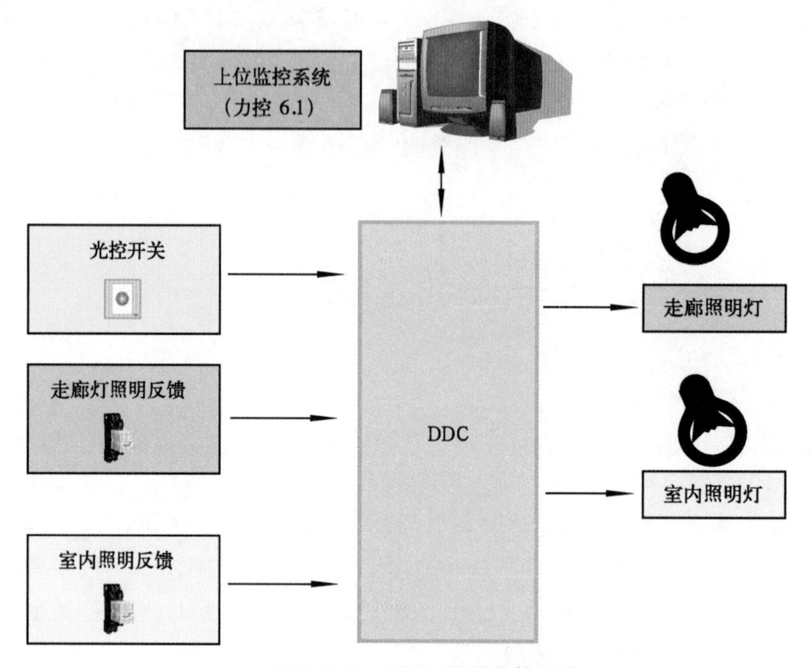

图 3-5-2　DDC 照明监控系统

首先认识一下 HW-BA5208 DDC 控制模块，它是海湾智能楼宇控制系统的一种模块，它采用 lonworks 现场总线技术与外界进行通信，具有网络布线简单、易于维护等特点。HW-BA5208DDC 控制模块可完成对楼控系统及各种工业现场标准开关量信号的采集，并且对各种开关量设备进行控制。该模块具有五路干触点输入端口，DI 口配置可以自由选择。具有五路触点输出端口，可提供无源常开和常闭触点，并对其进行不同方式的处理。控制器内部集成多种软件功能模块，通过相应的 Plug_in，可方便地对其进行配置。通过配置，可使控制器内部各软件功能模块任意组合，相互作用，从而实现各种逻辑运算与算术运算功能。

HW-BA5208 DDC 控制模块主要由 CONTROL MODULE 板、模块板和外壳等组成，其外观示意图如图 3-5-3 所示：

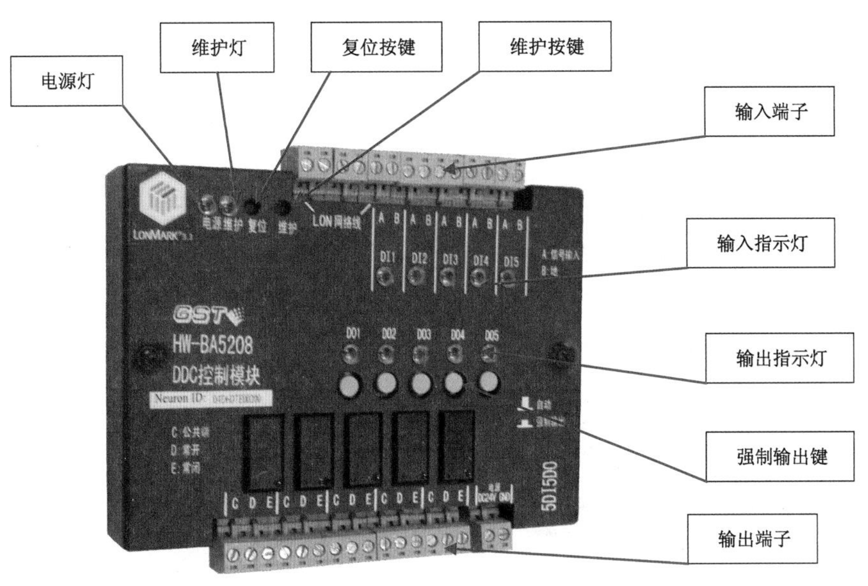

图 3-5-3　外观示意图

注意：

- 电源灯：当接通电源后，应常亮（红色）。
- 维护灯：在正常监控下不亮，只有当下载程序时闪亮（黄色）。
- 输入指示灯：当某输入口有高电平时，此口对应的指示灯点亮（绿色，5个）。
- 输出指示灯：当某路继电器吸合时，此路对应的指示灯点亮（绿色，5个）。
- 维护按键：需要维护时按此键。
- 复位按键：需要复位时按此键。
- 自动/强制输出转换按键：按键按下时相应路为强制输出。

其次认识一下HW-BA5210 DDC控制模块，它也是海湾智能楼宇控制系统的一种模块，采用lonworks现场总线技术与外界进行通信，具有网络布线简单、易于维护等特点。控制器内部有时钟芯片，从而可以通过该模块对整个系统的时间进行校准；控制器内部有串行EEPROM芯片，从而可对一些数据进行记录；控制器内部集成多种软件功能模块，通过相应的Plug_in可对其方便地进行配置；通过配置，可使控制器内部各软件功能模块任意组合，相互作用，从而实现各种逻辑运算与算术运算功能。

HW-BA5210 DDC 控制模块主要由 CONTROL MODULE 板、模块板和外壳等组成，其外观示意图如图 3-5-4 所示。

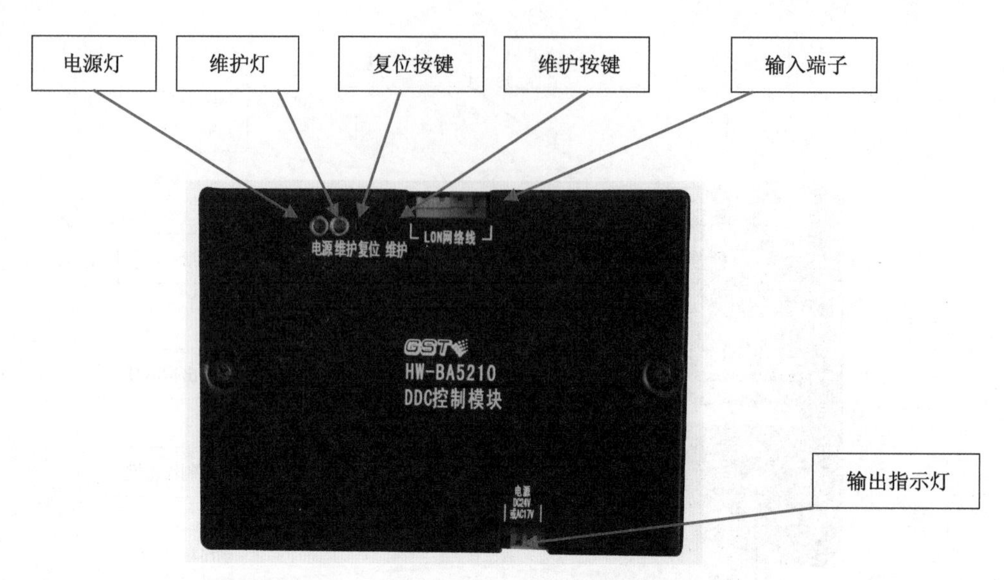

图 3-5-4　外观示意图

注意：

- 电源灯：当接通电源后，应常亮（红色）。
- 维护灯：在正常监控下不亮，只有当下载程序时闪亮（黄色）。
- 维护按键：需要维护时按此键。
- 复位按键：需要复位时按此键。

下面介绍 DDC 控制箱，如图 3-5-5 所示，DDC 控制箱由电源、DDC 模块、继电器等组成，主要完成 DDC 照明控制系统的集成。

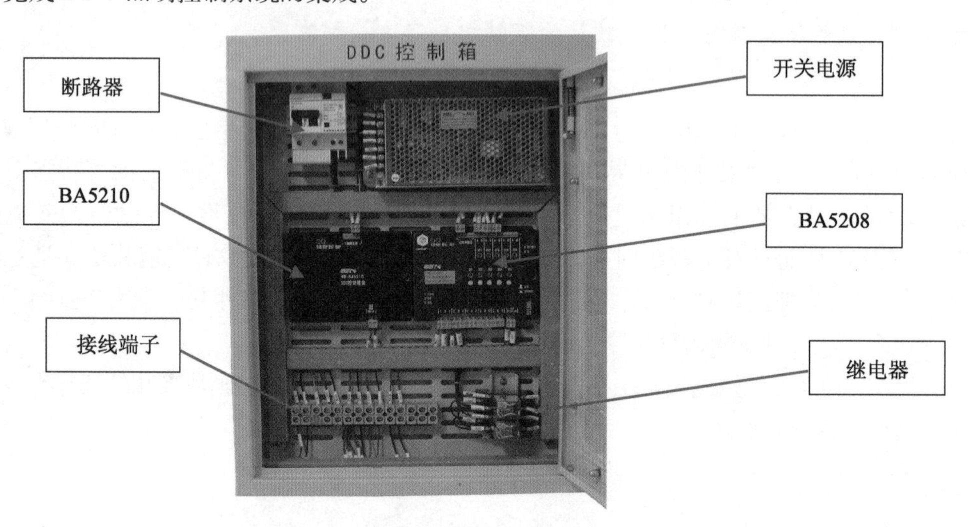

图 3-5-5　DDC 控制箱

箱内控制端子的编号如图 3-5-6 所示。

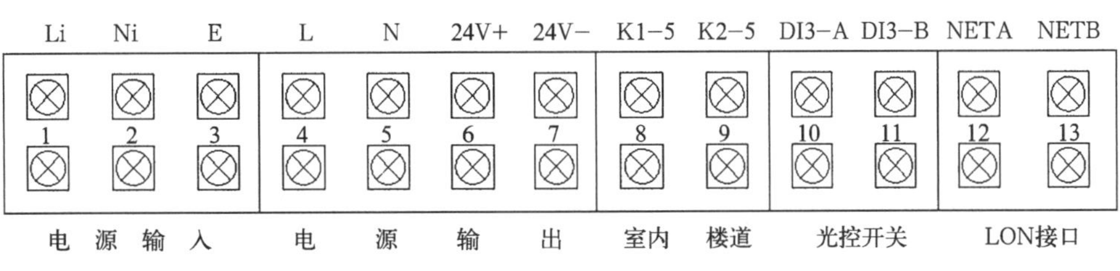

图 3-5-6　DDC 控制箱接线端子

- Li、Ni：AC 220V 电源输入。
- L、N：AC 220V 电源输出，带漏电保护。
- 24V+、24V-：DC 24V/3A 电源输出。
- K1-5、K2-5：继电器 K1、K2 常开输出端（DC 24V+），分别接室内、楼道两路照明灯的一端（灯的另一端接到 DC 24V-）。
- DI3-A、DI3-B：DDC5208 第三路输入口，接光控开关的 COM、NO。
- NETA、NETB：DDC 控制器 LON 接口。

下面介绍一个重要器件：THPGK-1 型光控开关，如图 3-5-7 所示。通过照度传感器（光敏元件）把光信号转换成电信号。当照射到照度传感器上的光线较强时，继电器处于断开常态（针对常开触点）；当光线弱到一定程度，继电器动作，常开触点闭合，同时，工作状态指示灯点亮。

① 技术参数：

- 供电电压：DC 24V，带反接保护
- 输出类型：继电器 NO、NC 输出
- 输出容量：1A/120V AC、2A/24V DC
- 测量范围：380 ~ 730nm
- 工作温度：-10℃ ~ 60℃
- 感光体：CDS

② 使用说明：

a．接线。THPGK-1 型光控开关接线端子如图 3-5-8 所示。

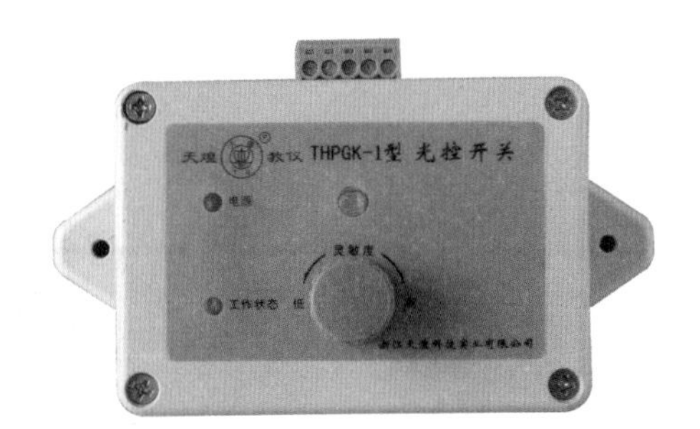

图 3-5-7　THPGK-1 型光控开关

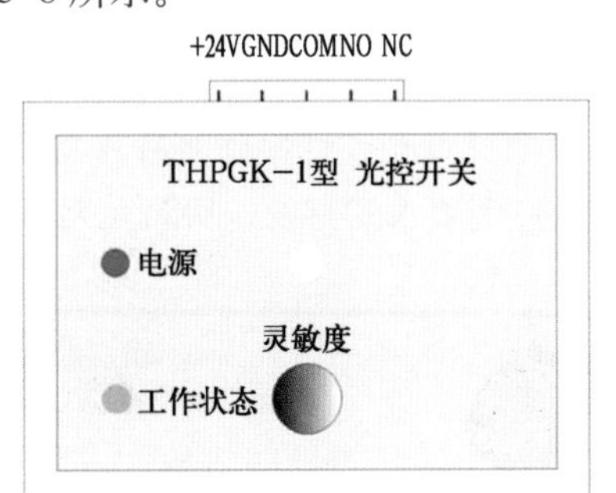

图 3-5-8　光控开关接线端子

b．灵敏度调节。灵敏度调节旋钮用来调节光控开关对光线的探测灵敏度。顺时针调整灵敏度升高，逆时针调整灵敏度降低。

注意：仔细阅读产品使用说明书，电源电压不得超出产品的供电电压，并注意电源极性。

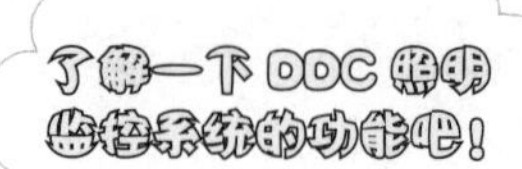

2. DDC照明监控系统功能

采用DDC照明监控系统后，可使照明系统运行在全自动状态，系统将按预先设置切换若干基本工作状态，通常为“白天”、“ 晚上”、“安全”、“清洁”、“周末”和“ 午饭”等场景，根据预设定的时间自动地在各种工作状态之间转换。

例如，上班时间来临时，系统自动将灯打开，而且光照度会自动调节到工作人员最合适的水平。在靠窗的房间，系统能智能地利用室外自然光。当天气晴朗，室内灯光会自动调暗；天气阴暗，室内灯会自动调亮，以始终保持室内恒定的亮度(按预设定要求的亮度)。当每一个工作日结束，系统将自动进入晚上工作状态，自动地极其缓慢地调暗各区域的灯光；同时，系统的动静探测功能将自动生效，让没有人的办公室的灯光自动关掉；相反动静探测能保证有员工加班的办公区灯光处于合适的亮度。

系统还能使公共走道及楼梯间等公共区域的灯协调工作，当办公区有员工加班时，楼梯间、走道等公共区域的灯就保持基本的亮度，只有当所有办公区的人走完后，才将灯调到“安全”状态或关掉。此外，还可用手动控制面板或遥控器等，随意改变各区域的光照度。对于高级办公大楼的接待大厅、餐厅、会议室。休息室和娱乐场所，则可根据一天中的不同时间，不同用途精心地进行灯光的场景预设置．使用时只需调用预先设置好的最佳灯光场景，使客人产生新颖的视觉效果。

由于DDC照明监控系统能够通过合理的管理，利用智能时钟管理器可以根据不同日期、不同时间按照各个功能区域的运行情况预先进行光照度的设置，不需要照明的时候，保证将灯关掉，在大多数情况下很多区域其实不需要把灯全部打开或开到最亮，DDC照明系统能用经济的能耗提供舒适的照明，在一些公共区域如会议室、休息室等利用动静探测功能在有人进入的时候才把灯点亮或切换到某种预置场景。DDC照明监控系统能保证只有当必须的时候才把灯点亮或点到要求的亮度，从而大大降低了大楼的能耗。

（1）设备接口

设备接口页显示了 HW_BA5208 模块输入口的网络变量名称以及输入值，输出口的输入来源和输出值。该页面可对输入来源和输出值进行设置及修改。当单击包含网络变量名的箭头时，进入相应网络接口的内容设计界面。其操作界面如图 3-5-9 所示。

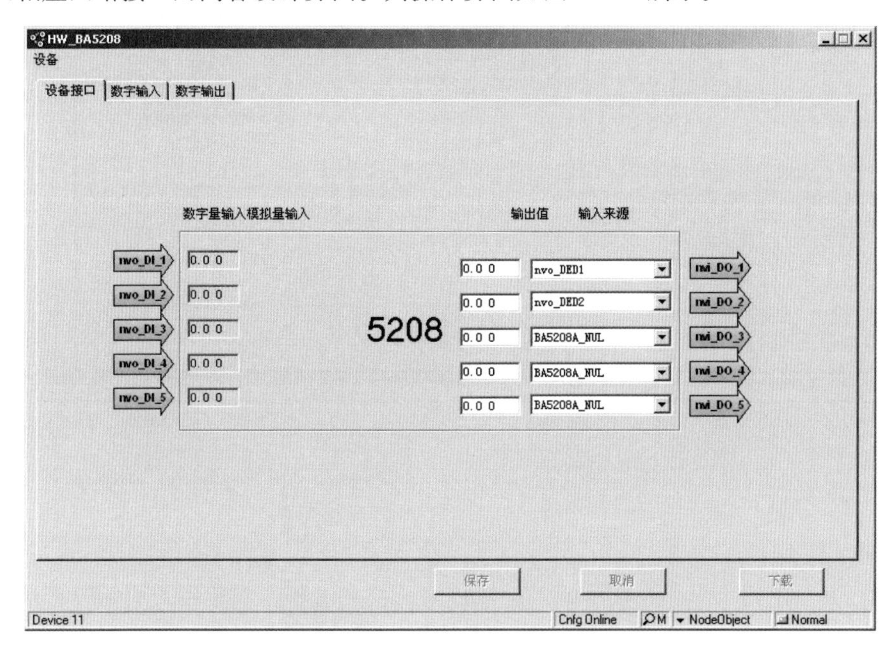

图 3-5-9　HW_BA5208 设备接口的设计界面

（2）数字输入

数字输入功能模块对数字量输入信号的状态进行读取，并对其进行处理，处理后的值通过数字量输出网络变量输出。图 3-5-10 所示的界面对选中的数字输入接口进行配置。

以下图 3-5-10 和表 3-5-1 对数字输入功能模块的输入与输出进行了概述。

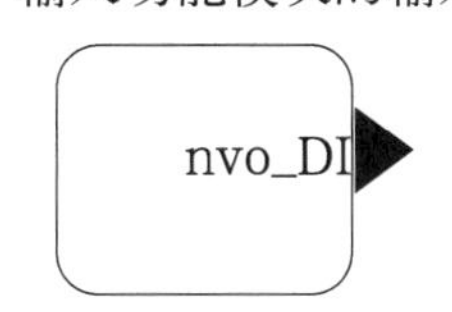

图 3-5-10　数字输入

表 3-5-1　输入网络变量

名　称	类　　型	描　　述
nvo_DI	SNVT_switch	数字量输出网络变量，其意义根据处理过程的不同而不同

“数字输入”选项卡显示了数字输入功能模块的信息流程。它包括图 3-5-11 所示的几部分。

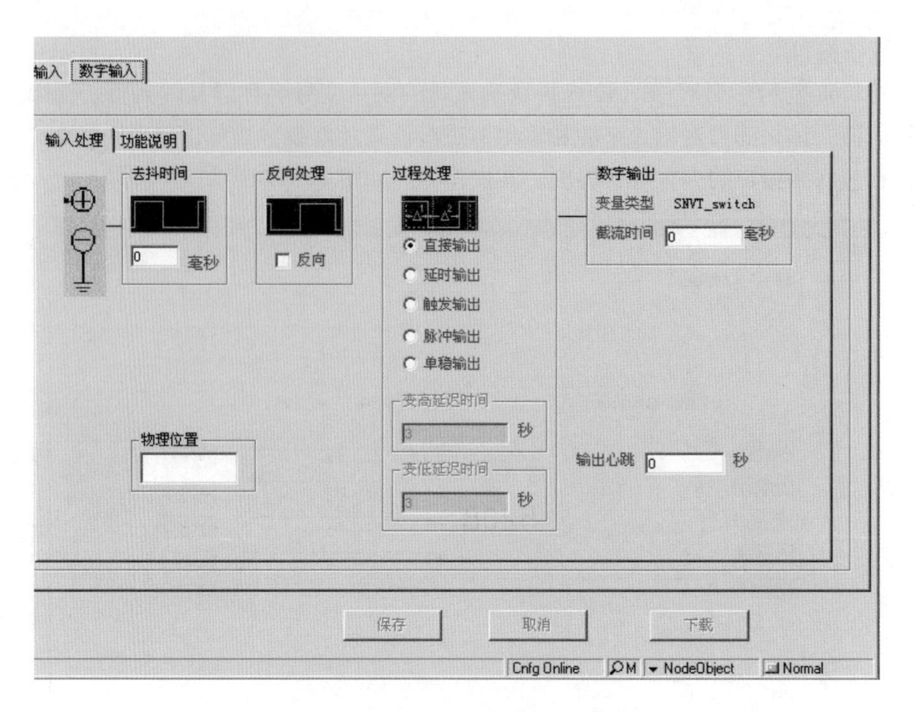

图 3-5-11　数字输入的设计界面

“数字输入”选项卡显示了数字输入功能模块的信息流程。采集到的原始数字量输入信号首先经过去抖、反向等处理，最后进入输出处理阶段。

(3) 数字输出

数字输出功能模块根据其输入网络变量的值经过处理后对开关量接触器的状态进行控制。图 3-5-12 和表 3-5-2 对数字输出功能模块的输入以及输出进行了概述。

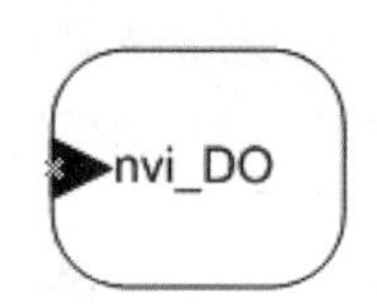

图 3-5-12　数字输出

表 3-5-2　输出网络变量

默认名称	默认类型	描　　述
nvo_DI	SNVT_switch	用于驱动接触器的开关量输入网络变量。在启动 Plug_in 后，首先将其类型改为 SNVT_switch 类型

“数字输出”选项卡显示了数字输出功能模块的工作流程信息，如图 3-5-13 所示。

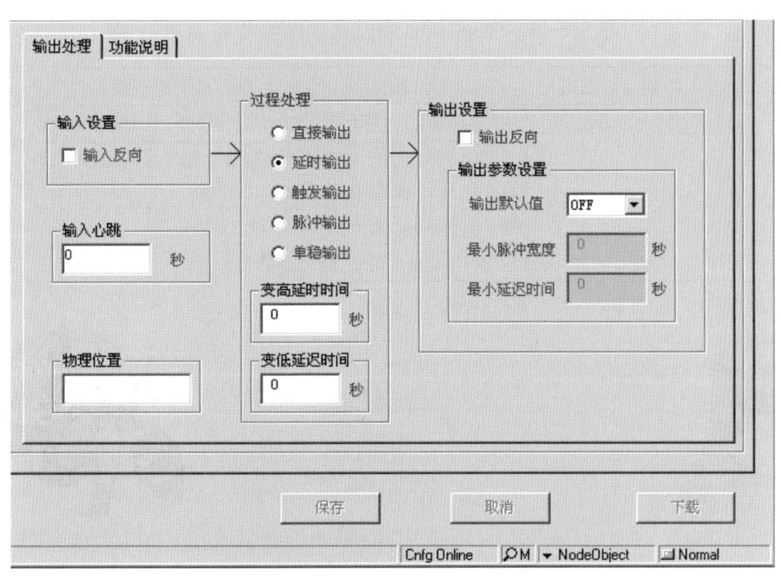

图 3-5-13 数字输出设计界面

“功能说明”界面描述了数字输出模块的设置流程以及设置步骤，如图 3-5-14。

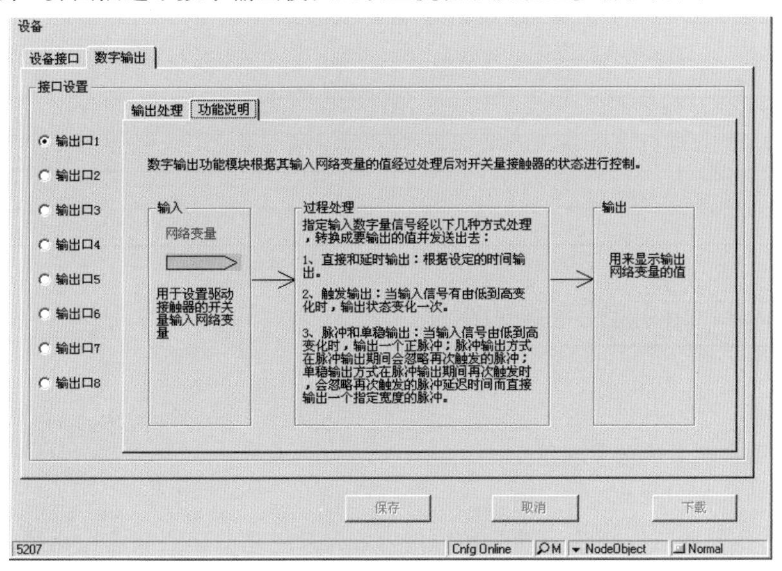

图 3-5-14 数字输出的“功能说明”界面

再关注一下 HW-BA5210 的功能!

HW-BA5210 节能运行模块共包含两种类型的功能模块，即 RealTime（实时时钟）功能模块和 EventScheduler（任务列表）功能模块

RealTime 功能模块的网络变量说明如表 3-5-3 所示。

RealTime 功能模块提供当前日期、时间、星期，并提供日期、时间、星期的校准。

表 3-5-3 RealTime 功能模块网络变量说明

默认名称	默认类型	描 述
nvi_TimeSet	SNVT_time_stamp	输入网络变量，对系统日期和时间进行校准，校准内容包括年、月、日、时、分、秒
nvo_RealTime	SNVT_time-stamp	输出网络变量，输出当前系统日期和时间，包括年、月、日、时、分，该网络变量 1min 刷新一次
nvi_WeekSet	SNVT_data_day	输入网络变量，对系统的星期进行校准
nvo_NowWeek	SNVT_data_day	输出网络变量，输出当日是星期几

*注：HW_BA5208 和 HW_BA5210 的详细使用说明参照光盘。

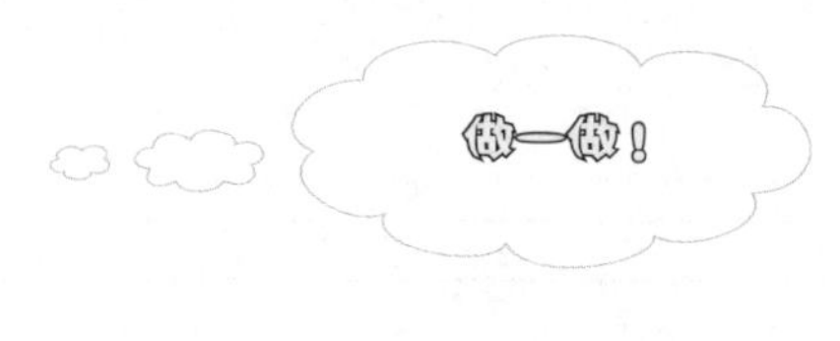

根据以上所学内容，把认识到的 DDC 监控及照明监控系统的主要组成部件的器件名称和功能填在表 3-5-4 中。

表 3-5-4 部件功能表

序号	物品名称	型 号	主要功能	备注（产地）
1				
2				
3				
4				
5				
6				

子任务二 DDC 照明监控系统的组建

任务目标

1. 绘制照明控制系统的原理图；

2. 描述照明监控系统的工作过程。

掌握了 DDC 照明监控系统的功能和结构，下面来组建一套照明监控系统，在 THBAES 型楼宇智能化实训系统建筑模型上有楼道照明灯和室内照明灯各三个，如何通过 DDC 实现两组灯光的手动或自动控制？

1. 具体控制要求

① 手动控制时，两组灯的开启与关闭由监控画面上的相应按钮控制。

② 自动控制时，则由光控开关控制或定时控制。

③ 光控开关控制：根据光控开关状态，控制楼道照明灯的亮与灭。光控开关动作时，灯亮；光控开关无动作时，灯灭。

④ 定时控制：编程实现室内照明灯的定时开启与关闭。定时控制要求如下：

- 周一到周四：a.5:45 开；b.8:23 关；c.11:25 开；d.13:45 关。
- 周五到周日：a.15:50 开；b.17:25 关。

无论在哪种控制方式下，都要求 DDC 能对两组灯的状态进行检测，并在提供的照明系统监控画面上显示出两组灯的状态（灯亮为黄色，灯灭为灰色）。

2. 设计步骤

要组建一个监控系统，首先要进行一些文件设计，通常的楼宇设备监控系统的设计文件包括：图纸目录，设计说明，系统图，平面图，设备表，施工图。

设计文件内容一般包含建筑设备监控系统控制室的位置，面积，是否独立设置、与哪些系统合用，监控总点数及 DI、DO、AI、AO 的数量，系统的组成等。主要产品的选型，设备定货要求及设计中所使用的符号和标注的含义，接地要求，导线选型和敷设方式以及系统的施工要求和注意事项（包括布线，设备安装等），工程选用的标准图等。

对于一个照明系统的监控，是建筑设备监控里面比较教简单的控制系统，在设计的时候一般是按下面几个步骤：

① 确定照明系统组成方案、功能及技术要求。
② 确定照明系统之间的关联方式。
③ 确定 BAS 中照明系统与大厦其他部分间的接口。
④ 根据控制要求和控制内容确定并画出设备监控系统原理图。
⑤ 统计监控系统的监控点（AI、AO、DI、DO）的数量，分布情况并列表。
⑥ 根据监控点数和分布情况确定分站的监控区域、分站设置的位置，统计整个大楼所需分站的数量、类型及分布情况。
⑦ 选择现场设备的传感器和执行机构。
⑧ 确定楼宇监控的系统网络及中心站设备的选择。

不同用途的场所对照明要求各不相同，图 3-5-15 所示为一个包含走廊、楼梯照明，办公室照明及景观照明监控系统原理图。

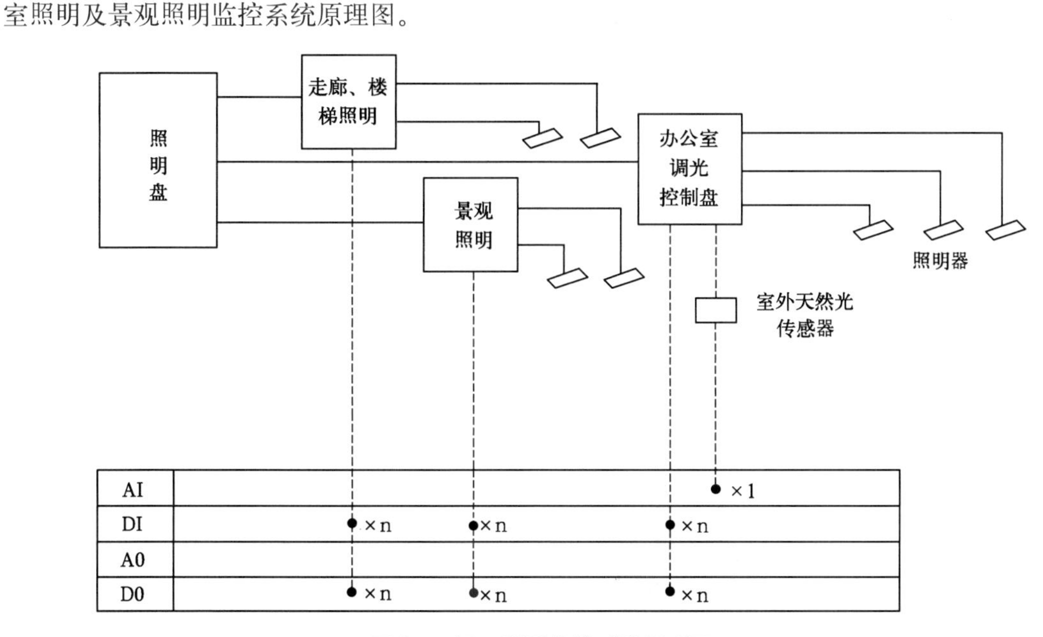

图 3-5-15 照明监控系统原理图

根据 THBAES 型楼宇智能化实训系统建筑模型照明监控的具体要求，如何参照图 3-5-15 设计一个照明监控原理图？

在建筑模型上有楼道照明灯和室内照明灯各三个，楼道开关通过光控开关控制，室内照明通过定时控制，系统的监控原理图可以设计如图 3-5-16 所示。

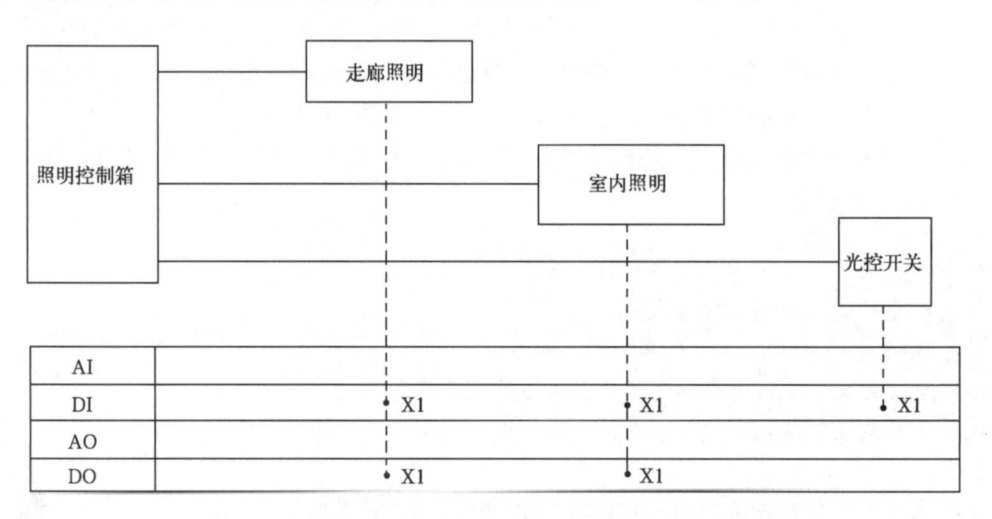

图 3-5-16　THBAES 型楼宇智能化建筑模型照明监控原理图

有了原理图，分析一下，要实现模型照明监控需要多少个 DI、AI、DO、AO？仔细算一算填在表 3-5-5 中。

表 3-5-5　DDC 监控点表

项目：		输入／输出点数统计				数字量输入点 DI		数字量输出点 DO	
日期：		数字输入 DI	数字输出 DO	模拟输入 AI	模拟输出 AO	运行状态	光控开关	起停控制	
序号	设备名称								
1	照明配电箱								
2									

根据照明监控的原理图和监控点表以及控制要求来选择监控设备，我们要完成三个 DI，两个 DO 控制，可以选用 HW_BA5208 通用控制器，它包含五个 DI 和五个 DO 接口。定时控制选用 HW_BA5210，光控开关可以选用 THPGK-1 型，另外选用两个继电器分别控制室内和走廊两路照明灯。可以根据控制要求和选择的设备用相关的绘图软件绘制出 DDC 监控及照明控制系统接线图（图 3-5-17 作为参考）。

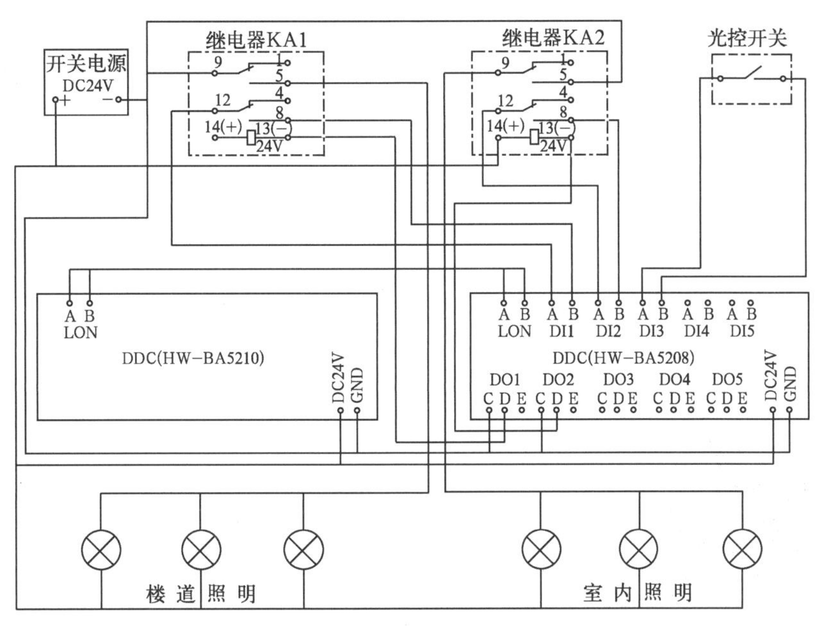

图 3-5-17　DDC 监控及照明控制系统接线图

楼线图给出来了，系统工作过程如何？能不能实现监控功能？

3．描述电气系统图

按图分析 THBAES 型楼宇智能化实训系统建筑模型照明控制系统的工作过程，楼道照明和室内照明分别由继电器 KA1 和 KA2 分两路控制，KA1 和 KA2 的线圈分别由 HW_BA5208 的两个输出 DO1 和 DO2 控制，在手动运行时，由上位机发出开关信号控制 DO1 和 DO2 的通断，从而实现照明灯的控制。自动运行时室内照明开关是由 HW_BA5210 的程序控制 DO2 实现，而楼道照明是根据光电开关 THPGK-1 的状态控制，光电开关的输出点接入 HW_BA5208 的 DI3，当光线较暗时，光电开关触点闭合，DI3 接收到信号，通过程序控制 DO1 输出信号，实现楼道灯的打开。反之，当光线较亮时，光电开关触点断开，DI3 输入信号断开，通过程序控制 DO1 断开，实现楼道灯关闭。

同学们可根据表 3-5-6 进行记录分析结果。

表 3-5-6　系统描述记录表

操作步骤	KA1	KA2	DI1	DI2	DI3	DO1	DO2	楼道照明	室内照明

子任务三　DDC 照明监控系统的安装与调试技能训练

任务目标

1. 拟定照明监控系统的施工流程；
2. 掌握 DDC 编程，软件组态应用、lonworks 网络使用方法；
3. 进行 DDC 监控及照明控制系统的安装与调试。

通过完成认识和组建两个子任务的训练，现在以 THBAES 型楼宇智能化工程实训系统为例进行 DDC 照明监控系统的安装与调试。

1. 任务描述

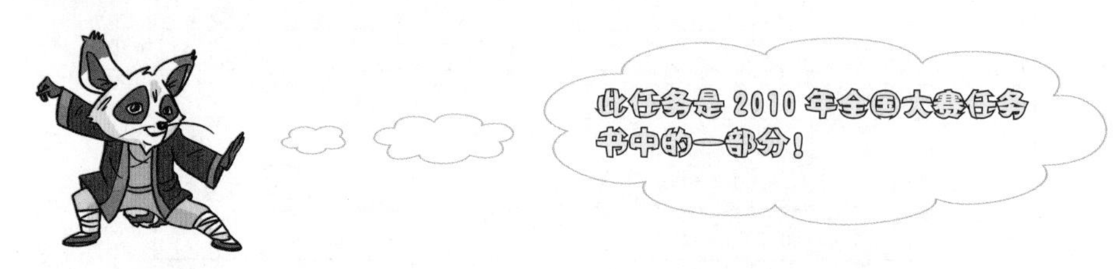

（1）系统接线图绘制、接线与布线

将建筑模型上的六盏灯分成两组（楼道照明灯和室内照明灯）用 CAD 软件，根据系统功能要求绘制 DDC 控制灯光照明的系统接线图（要求标注线号），按接线图在建筑模型上设计布线路径，完成系统和 DDC 控制箱内各器件的接线（DDC 控制箱内各器件的接线要求标注端子号）。各导线连接处要求套入热缩管作绝缘处理。

（2）系统功能要求

采用 LonMaker 编程软件，根据系统功能要求对 DDC 模块进行编程。在组态软件工程照明系统画面基础上，利用力控组态软件进一步进行组态设计。

具体任务描述可参见光盘。

2. 施工流程与步骤

首先了解一下施工现场对照明监控系统的施工流程和步骤。

当电器设备和器材到现场后，安装前作核实和检查相关标准，须符合设计要求和验收规范规定。设备安装与配线工程应密切结合，施工顺序如图 3-5-18 所示。

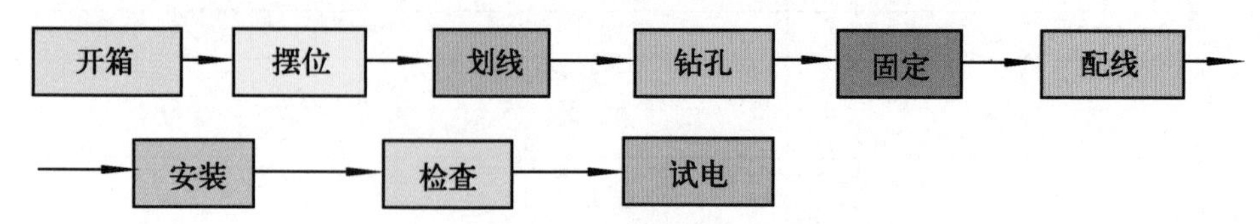

图 3-5-18　现场照明设备施工流程图

- 开箱检查时应会同建设单位、监理单位有关人员，除检查设备外观，还应着重对电气功能进行试验，以确定与设计要求是否相符。
- 安装时配电箱横平竖直，安装牢固，其不平程度控制在 1mm 内。线管必须垂直或乙字弯状进入箱体，其入口处用锁母固定，锁母或管子进入箱内的长度不超过 5mm。
- 箱体与接地保护线（PE）可靠连接。

我们可以根据任务要求，制定出这次任务的工作流程如图 3-5-19 所示。

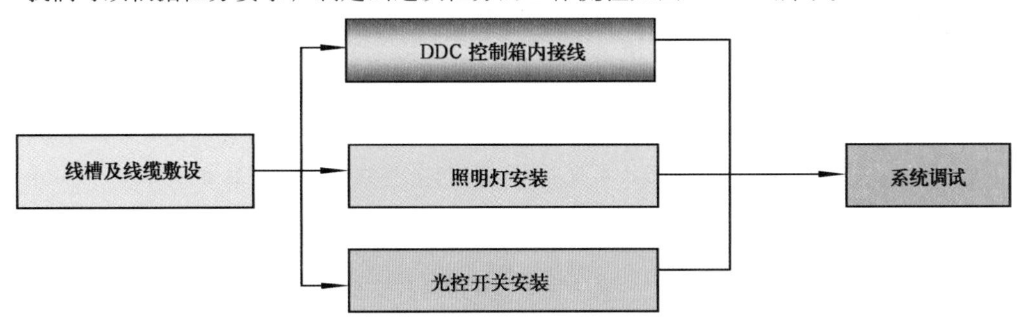

图 3-5-19　DDC 照明监控系统工作流程图

根据 DDC 照明监控系统的控制要求及流程图，制定安装与调试计划，可以按照表 3-5-7 所示记录完成情况。

表 3-5-7　安装和调试工作计划表

步　骤	内　　容	计划时间	完成时间	完成情况
1	整个系统的工作计划			
2	制定安装计划			
3	绘制线路图纸			
4	写材料清单和领料			
5	DDC 安装与接线			
6	通过 Lonmaker 建立 DDC 工程			
7	用力控软件建立组态界面			
8	按质量要求各部分设备检查和测试			
9	对老师发现和提出的问题回答			
10	DDC 照明系统调试			
11	如果有必要，则排除故障			
12	任务成绩的评估			

3. **材料工具准备**

（1）材料、设备

下面是照明监控系统所需要的设备和材料。

- 前端部分：主要包括网络控制器、计算机、打印机、控制台。
- 终端部分：主要包括传感器、室内灯、走廊灯。
- 传输部分：电线电缆、DDC控制箱等。
- 其他材料：线槽、塑料胀管、机螺钉、平垫、弹簧垫圈、接线端子、绝缘胶布、接头等

注意：

工程施工时上述设备材料应根据合同文件及设计要求选型，对设备、材料和软件进行进场检验，并填写进场检验记录。对设备必须附有产品合格证、质检报告、“CCC”认证标识、安装及使用说明书等。如果是进口产品，则需提供原产地证明和商检证明，配套提供的质量合格证明，检测报告及安装、使用、维护说明书的中文文本。设备安装前，应根据使用说明书，进行全部检查，合格后方可安装。

仔细查看器件，根据系统情况填写表 3-5-8 中物品的规格、数量、产地。

表 3-5-8 材料清单

序号	名称	型号与规格	数量	产地
1	DDC 控制器			
2	DDC 控制器			
3	力控组态软件 6.1			
4	U10 USB 接口卡			
5	光控开关			
6	射灯			

（2）工具

安装调试照明监控系统通常需要下面的工具。

- 安装器具：手电钻、冲击钻、对讲机、梯子、电工组合工具。
- 测试器具：250V兆欧表、500V兆欧表、水平尺、小线。
- 调试仪器：楼宇自控系统专用调试仪器。

将所需要的工具写在表 3-5-9 中。

表 3-5-9 工具清单

序号	名称	型号与规格	数量	备注
1				
2				
3				
4				
5				

4．安装要求提示

- DDC 可安装在被控设备机房中（如冷冻站、热交换站、水泵房、空调机房等）。
- 可在设备附近墙上用膨胀螺栓安装。
- DDC 与被监控设备就近安装。
- DDC 距地 1500mm 安装。
- DDC 安装应远离强电磁干扰。
- DDC 的数字输出宜采用继电器隔离，不允许用 DDC 数字输出的无源触点直接控制强电回路。
- DDC 的输入、输出接线应有易于辨别的标记。
- DDC 应有良好接地，一般采用建筑物总体接地方式，要求总体接地电阻不大于 1。
- DDC 与各种配电箱、柜和控制柜之间的接线应严格按照图纸施工，严防强电串入 DDC。

5．工作步骤

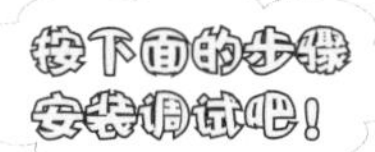

① 按照所绘制图纸完成 DDC 控制器与光控和照明设备之间的接线。

② DDC 控制器的网络端口（NETA、NETB）接到 lonworks 接口卡上。

③ 将 lonworks 接口卡接插到计算机的 USB 接口。

④ 在 LonMker 软件中打开样例程序或者由用户自己编写控制程序，完成后，将程序下载到 DDC 控制器中。

打开 LonMaker 软件，并创建新的工程步骤如下：

① 启动 LonMaker：选择“开始→程序→LonMaker for Windows”命令，如图 3-5-20 所示。

图 3-5-20　启动 Lonmaker 软件

② 单击“New Network”按钮建立一个新的网络文件如图 3-5-21 所示。

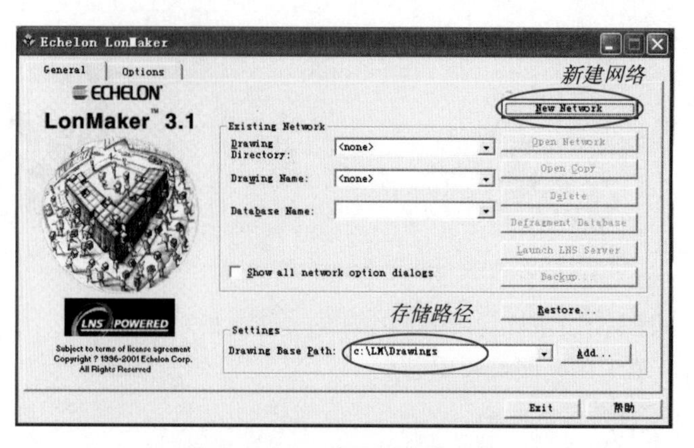

图 3-5-21　建立新网络文件

③ 选择连接的网络接口，如图 3-5-22 所示。

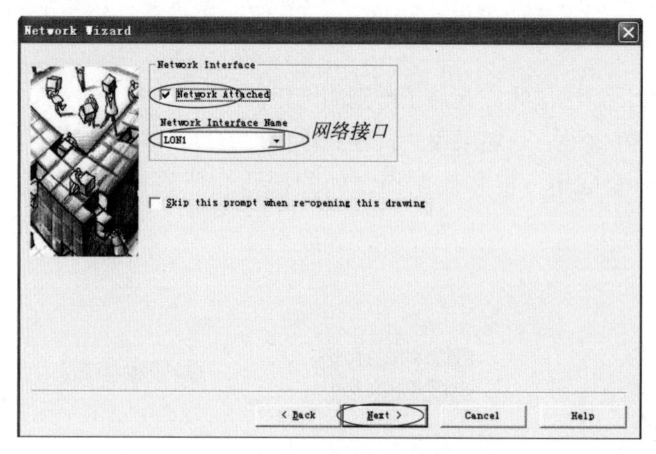

图 3-5-22　选择连接的网络接口

④ 如果 Network Interface Name 下拉列表框中内容为空，要查看网卡是否为当前系统所识别，是否 Apply 应用了网卡的属性配置。

⑤ 选择网络设备 DDC 的管理模式为 Onnet，如图 3-5-23 所示。

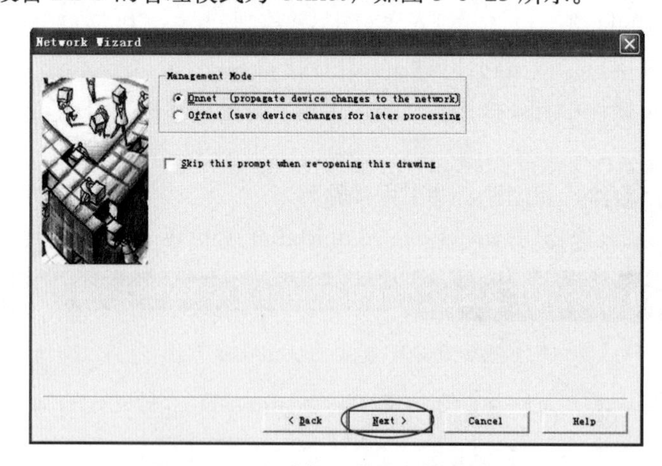

图 3-5-23　选择网络设备管理模式

⑥ 先单击 Remove All 按钮后选择需要注册到 Lon 网络文件中的功能插件，如图 3-5-24 所示。

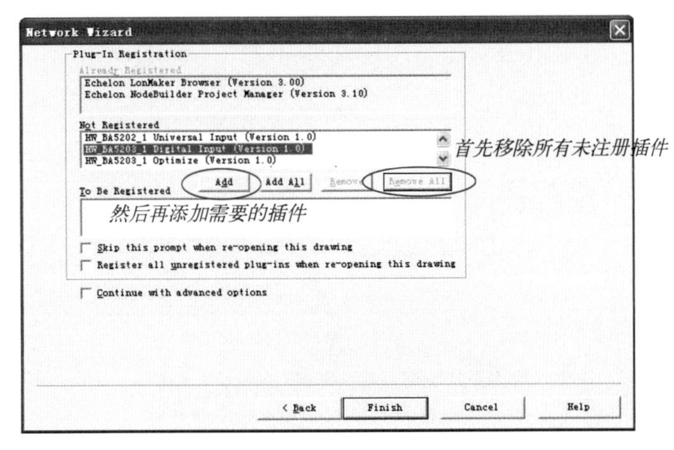

图 3-5-24　选择插件

⑦ 单击 Add 按钮将要注册到 Lon 网络文件中的功能插件添加到 To Be Registered 列表框中后，再单击 Finish 按钮，如图 3-5-25 所示。

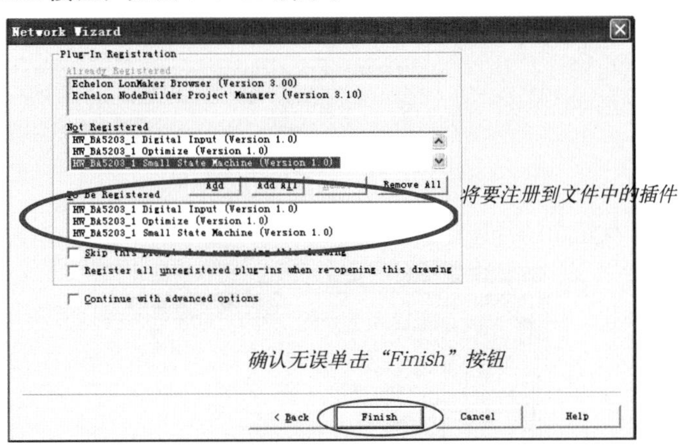

图 3-5-25　添加插件

⑧ 在注册插件及之前的复制结点文件时要先了解网络中所连接的设备类型，即网络中含 5203（或其他）时则复制 5203（相对应）的结点程序到 Import 目录下，并注册相应的插件（同一种模块也有不同程序，要选择能满足工程要求的结点程序和相应插件注册），不含 5203 设备时则不必进行结点程序的复制和插件程序的注册。

⑨ 图 3-5-26 所示为正在将插件程序注册到 Lon 网络文件中。

图 3-5-26　注册插件

⑩ 系统可能出现以下注册情况，如图 3-5-27 所示。

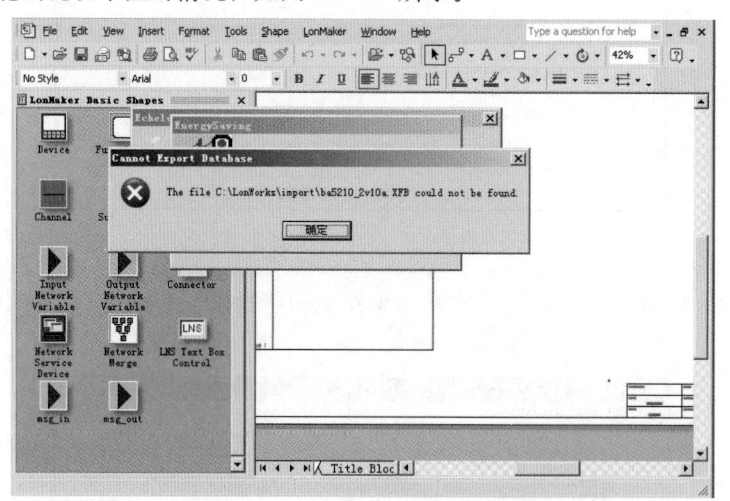

图 3-5-27　注册时出现问题

⑪ 单击“确定”按钮，选择所注册的程序对应的资源文件，如图 3-5-28。

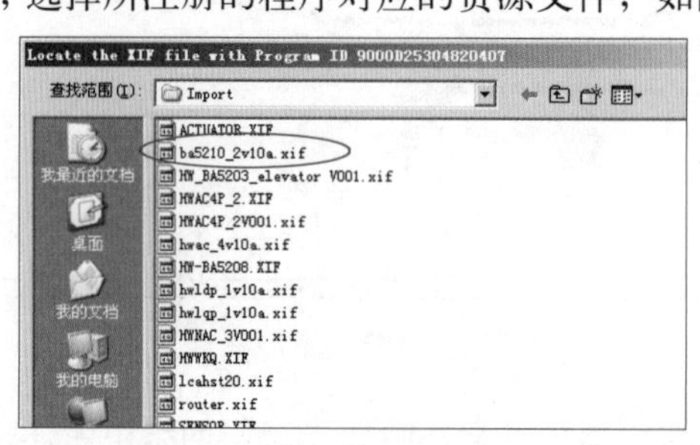

图 3-5-28　选择源文件

⑫ 系统自动进入 Lon 网络编辑界面 LonMaker 中，如图 3-5-29 所示。

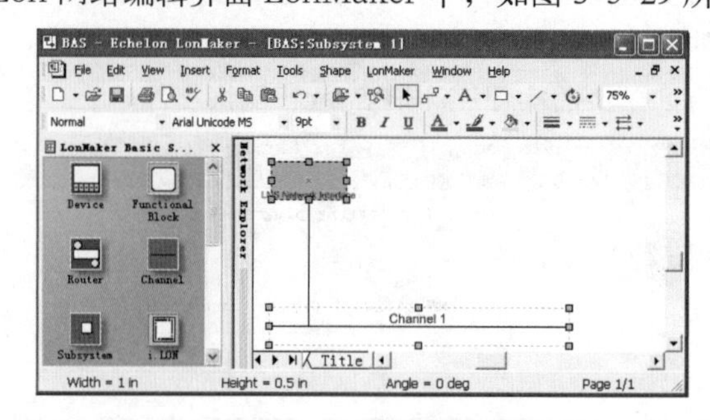

图 3-5-29　Lon 网络编辑界面

⑬ 按要求完成 DDC 控制程序，如图 3-5-30 所示（详细操作步骤见光盘）。

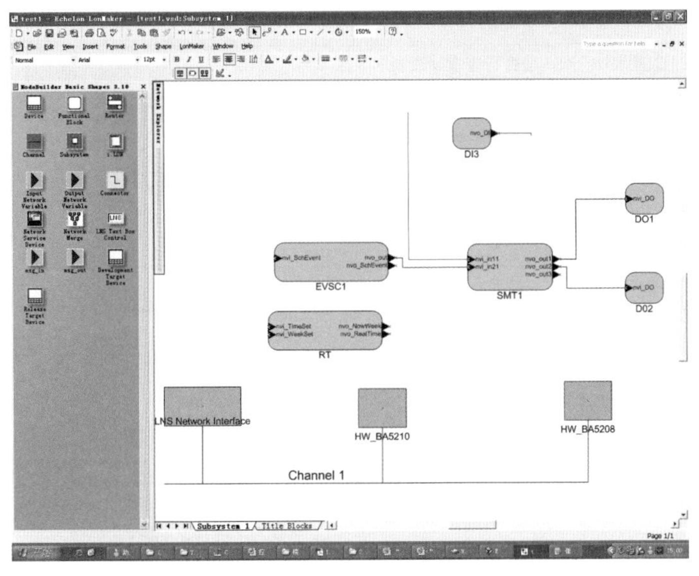

图 3-5-30　DDC 控制程序

⑭ 在力控组态软件中打开样例工程或者由用户自己编写监控工程，如图 3-5-31 所示，完成后，启动监控程序（具体操作步骤见光盘）。

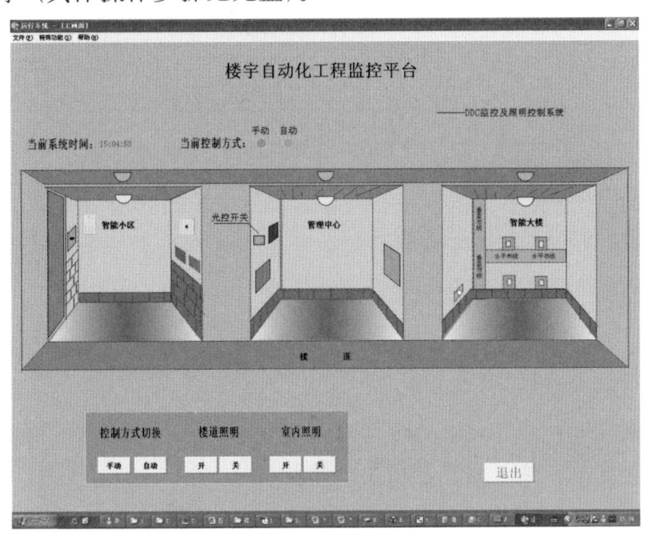

图 3-5-31　力控组态软件界面

⑮ 在监控界面上按下手动按钮，两组灯的开启与关闭通过鼠标点击监控画面上的相应按钮控制。

⑯ 在监控界面上按下自动按钮，楼道照明灯的开闭由光控开关的状态控制，室内照明灯的开闭则由定时程序控制。

⑰ 按照装调项目，将调试注意点填在表 3-5-10 中。

表 3-5-10 装调项目表

序 号	调 试 项 目	调试注意点
1	检查系统所有的检测点 DI、DO 是否符合设计点表的要求	
2	检查所有检测点 DI、DO 接口是否符合 DDC 接口要求	
3	检查所有检测点 DI、DO 的接线是否符合设计图纸的要求	
4	手动启 / 停照明系统的每一个被控回路，检查上位机显示、记录与实际工作状态是否一致	
5	在上位机控制照明系统的每一个被控回路，检查上位机的控制是否有效	
6	在上位机启动顺序、时间控制程序，检查每一个被控回路，是否符合设计要求	

6. 常见故障分析

DDC 控制系统常见故障一般比较容易解决，大部分故障可以根据输入 / 输出的指示来分析。表 3-5-11 列出了常见故障及原因。

表 3-5-11 常见故障分析

序 号	故 障 现 象	故 障 原 因
1	外部开关闭合而输入指示不亮	1. 外部开关或线路问题 2. DDC 输入点问题
2	输出指示灯亮所控器件不动作	1. 外部器件或线路问题 2. DDC 输出点问题
3	输入指示亮而对应输出不亮	1. DDC 程序问题 2. DDC 输入输出点问题
4	通信不正常	1. 接线不正常 2. 接地不好 3. 附近强干扰源

知识、技能归纳

建筑设备监控系统对公共照明设备（公共区域、过道、园区和景观）进行监控，应以光照度、时间表等为控制依据，设置程序控制灯组的开关，注意检查控制动作的正确性，并手动检查开关状态。通过训练大家熟悉了 DDC 照明监控系统，LonMaker 编程软件使用及组态软件工程界面的建立。

工程素质培养

1. 安全操作要求

- 作业时应注意周围环境，禁止乱抛工具和材料。
- 设备通电调试前，必须检查线路接线是否正确，保护措施是否齐全，确认无误后，方可通电调试。
- 登高作业时，脚手架和梯子应安全可靠，脚手架不得铺有探头板，梯子应有防滑措施，不允许两人同梯作业。

2. 环保措施

- 施工现场的垃圾如线头、包装箱等，应堆放在指定地点，及时清运并洒水降尘，严禁随意抛撒。
- 现场强噪声施工机具，应采取相应措施，最大限度降低噪声。

任务完成了，请您评判吧！

附表　DDC 照明监控系统评分表

序号	重点检查内容	评分标准	分值	得分	备注
功能要求：共 60 分		功能要求得分：			
1	功能一	组态工程界面上正确显示光控开关状态（光控开关动作时，显示为绿色；光控开关无动作时，显示为灰色）	6		
2	功能二	组态软件工程上的手自动按钮有效	12		
3	功能三	组态软件工程界面上的按钮，可以分别控制两组灯的开启与关闭	12		
4	功能四	自动控制时，光控开关能控制楼道照明灯的亮与灭，光控开关动作时，灯亮；光控开关无动作时，灯灭。光控开关的输入接入到 DDC 控制器的第 5 输入通道	6		
5	功能五	室内照明灯能按要求实现定时开启与关闭	12		
6	功能六	组态软件工程界面显示出两组灯的状态（灯亮为黄色，灯灭为灰色）	6		
7	功能七	将完成的工程文件存放到了指定位置	6		
小计					
接线与布线：共 30 分		接线与布线得分：			
1	DDC（HW-BA5210）	接通 4 根连接线	4		
2	DDC（HW-BA5208）	接通 14 根连接线	14		
3	继电器（两个）	接通 6 根连接线	6		
4	光控开关	接通 4 根连接线	4		
5	射灯（两组）	接通 2 根连接线	2		
小计					
安装工艺：共 10 分		安装工艺得分：			
1	布线与接线工艺	线路连接、插针压接质量可靠、规范 线槽、桥架布线规范；各器件接插线与延长线的接头处套入热缩管作绝缘处理，DDC 控制箱内接线端子线号标注正确规范	10		
小计					

项目展望——楼宇智能化系统拓展

随着人类文明的进步，科学技术的飞速展，人们越来越追求工作、生活的方便、快捷，作为现代化的智能办公大厦、小区，更加需要功能齐全、使用方便、安全性好的智能化系统来配合实现楼宇智能的整体方案。常见的还有智能停车场管理系统、智能楼宇供配电监控系统、智能楼宇中央空调监控系统、物联网技术也渐渐触入到了楼宇智能化系统的各个方面。

楼宇智能化技术发展很快，涉及的也很广，我们一起来学习吧！

任务目标

1. 能描述智能停车场管理系统的功能、作用及特点；
2. 能描述智能楼宇供配电监控系统的功能、作用及特点；
3. 能描述智能楼宇中央空调监控系统的作用、特点；
4. 能描述智能楼宇给排水监控系统的特点。

任务一 智能停车场管理系统的应用

智能停车场管理系统的目的是为了实现车辆进出停车场的自动化管理，包括收费、判断车牌等。要实现停车场的车辆全自动化管理，即对车辆出入控制、车位检索、费用收取、核查、显示及校对车型、车牌进行有效、科学、可靠的管理。

子任务一 智能停车场管理系统的需求分析

停车场内车辆丢失。
未经授权的车辆擅自进入车场。
收费漏洞太大，无法避免人情车的进入，如何更好的堵塞资金漏洞。
停车场管理人员太多，成本过高。
每天上下班时，车流量太大，填单。收费太慢，效率较低，车主不满。

图 4-1-1 所示为一个住宅社区的停车场出入口，我们如何来管理呢?

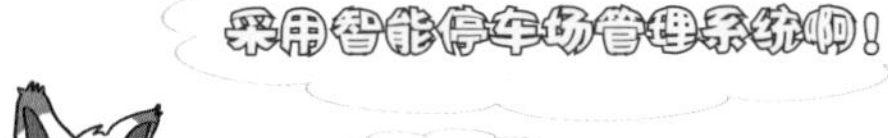

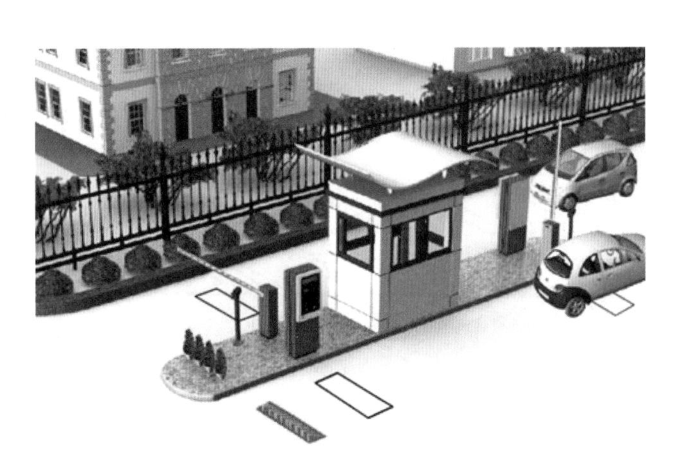

图 4-1-1　停车场出入口示意图

可先总结出如下一些功能：

- 通过对住宅社区停车场出入口的控制，完成对车辆进出及收费的有效管理。

- 车辆进出及存放时间的记录、查询。
- 外来车辆收费的管理。
- 住宅社区内车辆存放的管理。
- 停车场进出口车辆闸门防砸功能。
- 在停车场的出入口处设置非接触式 IC 卡控制器和闸门，以实施对停车场的车辆管理，以及持卡信息记录（持卡车辆车牌照、进入时间、离场时间等）。
- 管理进入停车场车辆与车牌识别系统联动，可以记录进出车辆的车型与车牌号的影象资料，以强化进出停车场的核查，以防止盗车事件的发生。
- 采用的非接触式 IC 卡系统。

子任务二　智能停车场管理系统的实现

根据需要，智能停车场系统集感应式 IC 卡技术、计算机网络、视频监控、图像识别与处理及自动控制技术于一体。系统配置如图 4-1-2 所示，包含①全自动挡车快速道闸，长度为 4m；配合自动收费光电开关行程控制，备有紧急手动装置；配置防砸车控制系统，置于小区出入口；②入口自动发卡机、出口临时卡计费器；③入口读卡机、出口读卡机均为长距离 IC 卡读卡器；④停车场管理主机，置于管理中心，指挥停车场自动化系统的工作；⑤车牌图像自动识别设备等。

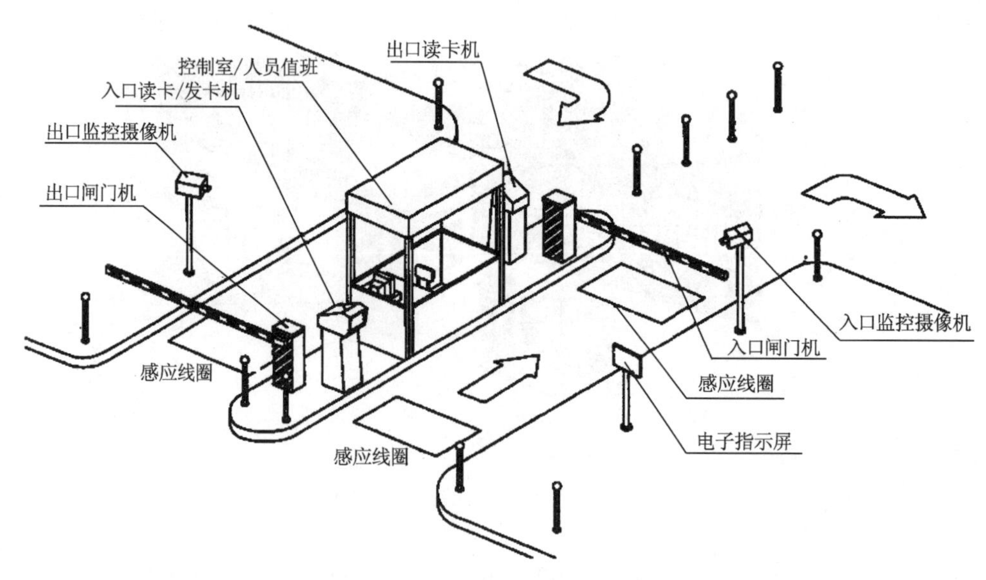

图 4-1-2　智能停车场系统配置图

1．自动道闸

自动道闸的作用就是防止人和车的随意跨越，基本具备门的功能，如图 4-1-3 所示，有曲杆、直杆、栅栏三种形式。手动按钮可作升、降及停操作；无线遥控可作升、降、停及对手动按钮的加锁、解锁操作。停电自动解锁，停电后可手动抬杆，可与车辆传感器配合，使具有“车过自动落闸”、“防砸车”等功能；可选配光隔离长线驱动器，挂接到计算机 RS-232-C 串行通信接口。

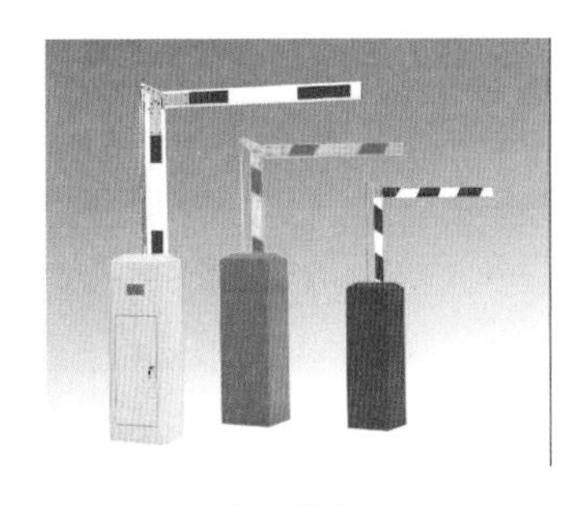

(a) 曲杆

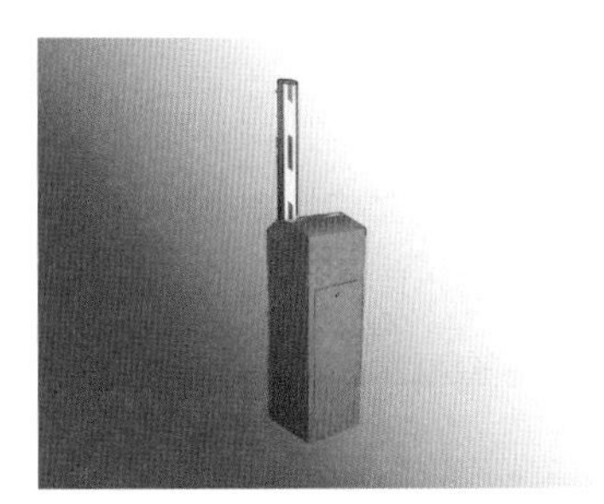

(b) 直杆

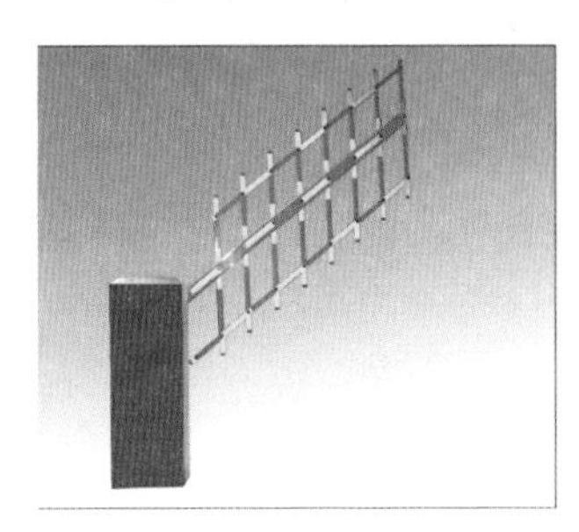

(c) 栅栏

图 4-1-3　自动道闸图

2．车辆检测器

车辆检测器主要通过地感线圈检测车辆的有无，有两种应用：①是用于出入口机的控制器，通过检测车辆的有无，来确定显示的内容、自动出卡机的发卡等，②是用于道闸中的控制器，通过检测车辆的有无，来判断道闸栏杆的起落达到防砸车的目的。

如图 4-1-4 所示，此检测器由一组环绕线圈和电流感应数字电路板组成与道闸或控制机配合使用，线圈埋于地下 30 ~ 50cm 处，只要车辆经过，线圈产生感应电流信号，经过车辆检测器处理后发出控制信号控制出入口控制机或道闸。车辆检测器的灵敏度需要高中低可调，适应各种车辆类型（摩托车、小汽车、中型车、大型车等）。

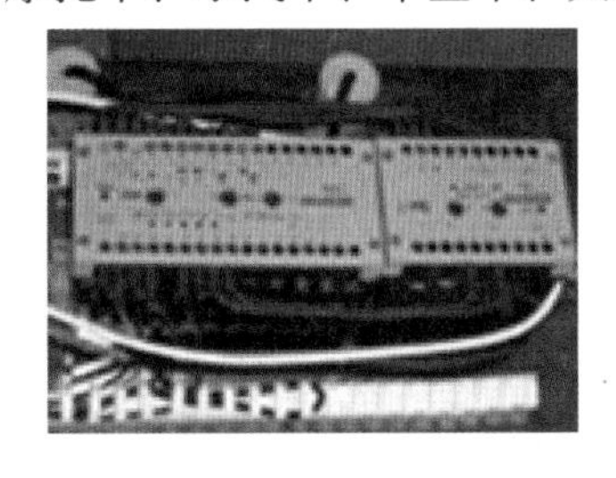

图 4-1-4　车辆检测器

3．出入口控制主机

停车场出入口控制机内置读卡设备、自动出卡机、中文显示、对讲系统、语音提示系统、电源等。

“自读式出卡机”为入口控制机标准配置。可以带对讲、语音、中文显示、地感等功能。机箱后面有门，可打开安装和维护。自动出卡机主要为临时车入场而设计，无需人工发卡，按动前面板出卡按钮即可自动发卡，同时完成读卡和开闸，如图 4-1-5 所示。

出入口控制机通过面板提示，灯红蓝之间的转换，可分辨道闸、IC 卡读写器、数字式车辆检测器的工作状态是否正常，如图 4-1-6 所示。

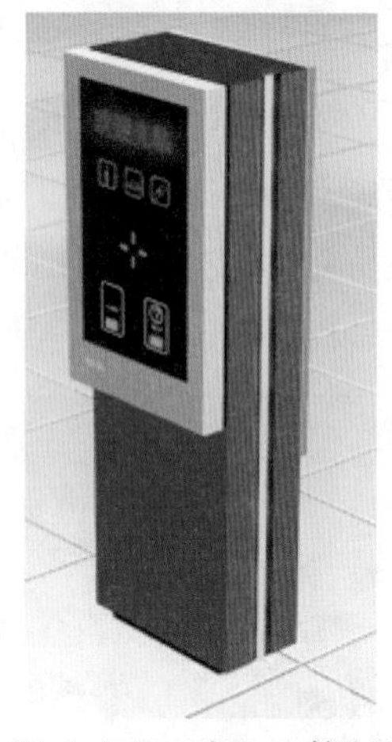

图 4-1-5　出入口控制机

图 4-1-6　出入口控制机状态显示

4．停车场管理系统软件

停车场系统管理软件（见图 4-1-7）主要用于维护停车场设备设置管理、基本参数设置及收费管理，参数设置包括：停车场名称、编号、停车场类型（多层住宅区、高层商住楼、工业区写字楼或不分类型）、车辆类型（摩托车、小汽车、中型车、大型车等）、出口数量、收费方式、收费标准。

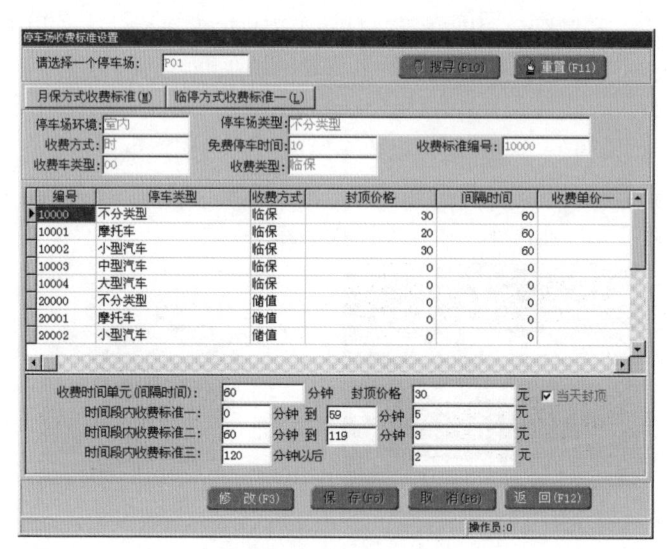

图 4-1-7　停车场系统管理软件界面

停车场监视包括实时车位监视（车位总数，已停车数等）、实时图像监视（监视进口、出口图像、对比后放行车辆），如图 4-1-8 所示。

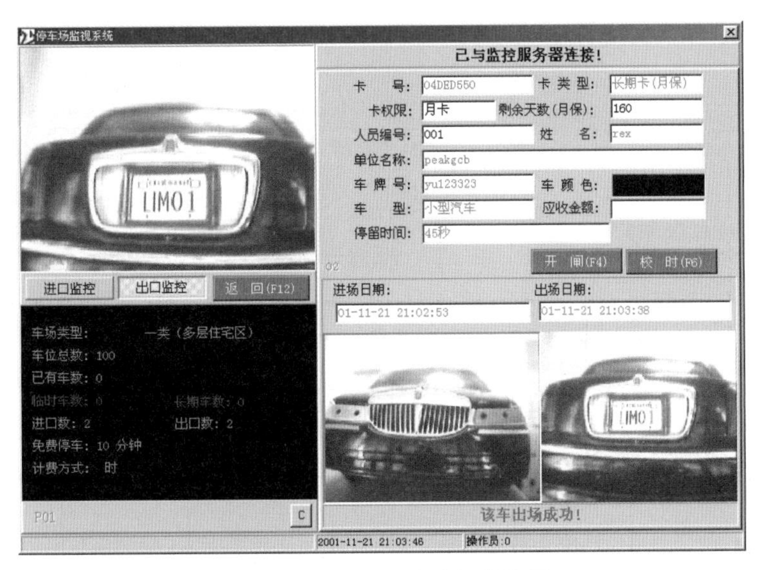

图 4-1-8　停车场系统监视软件界面

智能停车场管理系统是现代化停车场车辆收费及设备自动化管理的统称，是将车场完全置于计算机管理下的高科技机电一体化产品。目前通常所应用的非接触式感应IC卡停车场计算机收费管理系统，具有方便快捷、收费准确可靠、保密性好、灵敏度高、使用寿命长、形式灵活、功能强大等众多优点，是磁卡、接触式IC卡所不能比拟的，它将取代磁卡、接触式IC卡而成为新一代的主流。

任务二　智能楼宇供配电监控系统的应用

电力是现代文明的基础，没有电力就没有电气化和信息化。一栋建筑如果没有自备发电机，则供配电系统就是其最主要的能源来源，一旦供电中断，建筑内的大部分电气化和信息化系统将立即瘫痪。因此，可靠和连续的供电是智能建筑得以正常运转的前提。与常规的供配电系统相比，智能化的供配电系统应能自动、连续、实时地监控所有变、配电设备的运行、故障状态和运行参数，还应具有故障的自动应急处理能力。

供配电系统这么重要，那应有些什么样的要求呢？

子任务一　智能楼宇供配电监控系统概况及需求分析

智能供配电系统通过对中低压配电系统、变压器、发电机组、直流屏、UPS等实施自动监测（中压系统含保护及控制），实现大楼电力系统的自动化，提高供配电系统运行的可靠性，如图 4-2-1 所示。

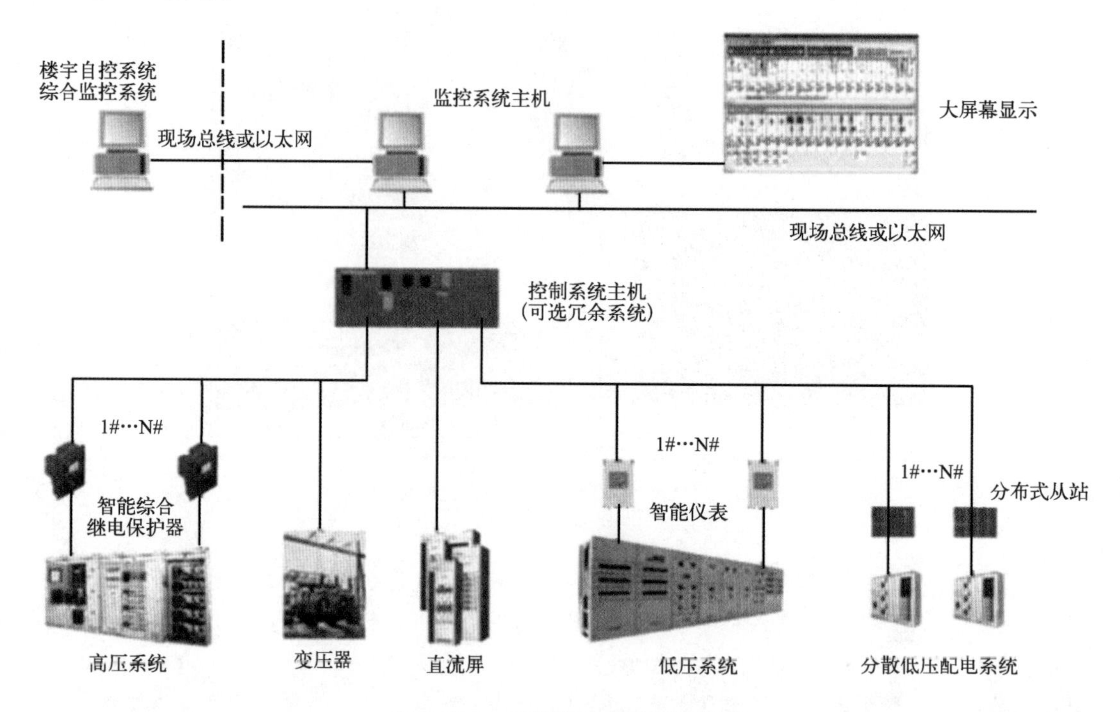

图 4-2-1　智能供配电系统结构图

供配电设备监控系统所具备的功能：①运行状态监测；②运行参数的监测；③故障报警事件的监测；④运行参数、故障及操作记录的管理、存档及分析；⑤断路器的通断控制；⑥进线掉电故障的自动应急处理；⑦自动控制功能；⑧自动调节功能。

子任务二　智能楼宇供配电监控系统的实现

智能供配电系统由图形工作站、主控单元、数据采集单元、计算机网络及软件等设备构成，采用分布式计算机系统，网络中任一结点故障时均不致影响系统的正常运行和信号的传输，供配电设备监控系统一般采用集散系统结构，可分为三层：现场 I/O、控制层和管理层。系统采用间隔层、站级层和网络层三层网络结构，如图 4-2-2 所示。

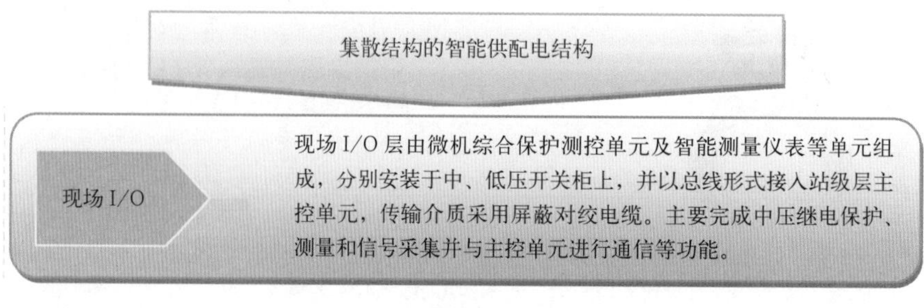

（接下页）

控制层

控制层由主控单元构成，主要是作为本站间隔层设备采集电力系统数据的处理、储存、调配以及通信协议的转换，并接入网络层，将本站经处理的数据上传和接受网络层下传的设定参数或控制信号等指令。

管理层

管理层采用工业以太网络，主控单元通过以太网接入网络层，与图形工作站联成计算机局域网络，以实现电力系统的集中监视、测量、控制和管理。

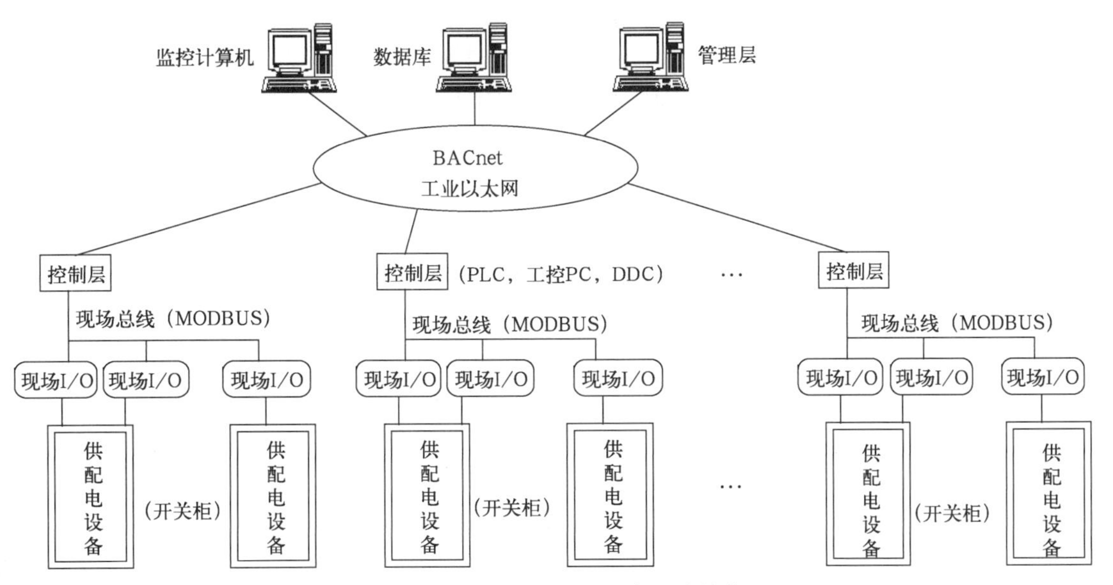

图 4-2-2　集散结构的供配电系统结构图

现场 I/O 可以是智能型断路器、远程数据采集模块、RTU 和综合电力测控仪等，如图 4-2-3 所示。

(a) 远程数据采集模块

(b) 综合电力测控仪

(c) 智能型断路器

图 4-2-3　智能供配电现场 I/O 图

图 4-2-4 所示为供配电系统模拟两路互为备用电 t 网电源和一路备用电源的运行工况，主要完成对高压熔断器、高压联络刀开关、低压断路器和低压母联开关的运行情况、变压器故障以及低压侧电压、电流的监测，不进行任何控制。采用 DDC 对楼宇供配电系统监控的系统结构图如图 4-2-5 所示。

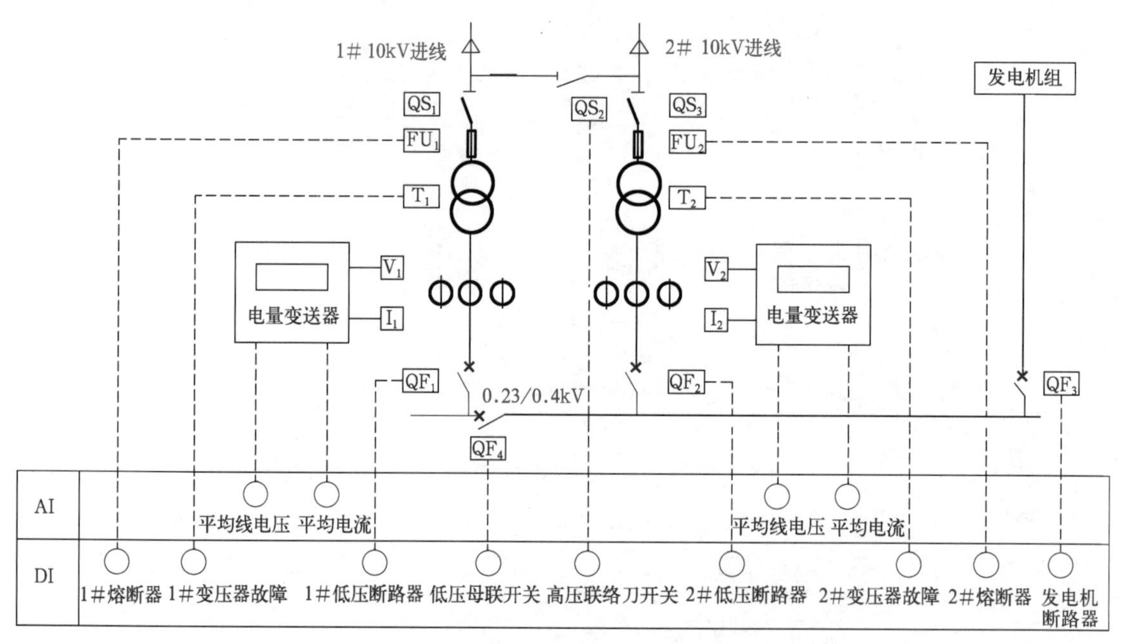

图 4-2-4　DDC 对楼宇供配电系统监控的系统结构图

当前供配电监控系统都提供了友好的人机界面，实时显示各种监控信息，如图 4-2-5 所示。例如在监控主机上显示进线开关的开合状态和故障状态，实时显示进线回路的三相电流值、三相相电压值、三相线电压值、有功功率、无功功率、视在功率、电度、频率、功率因数等参数值，并对系统所采集到的数据进行处理、显示、存档和报表自动打印，即时显示事件记录和故障记录，并提供声光报警。

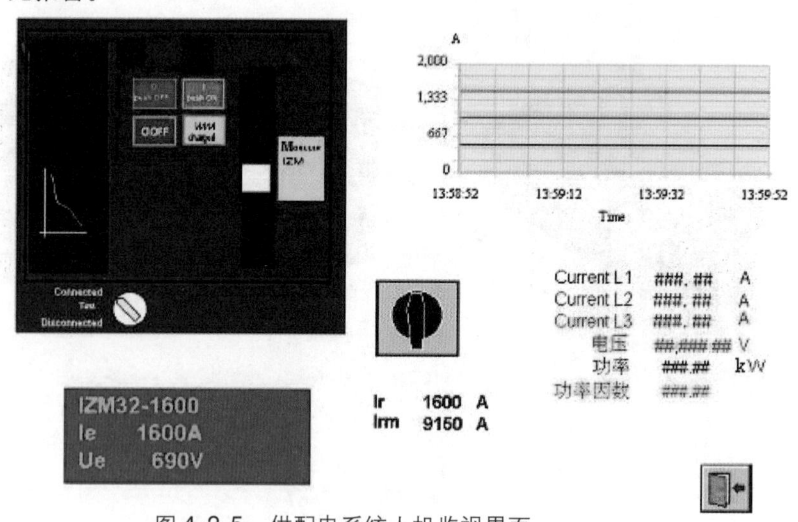

图 4-2-5　供配电系统人机监视界面

使用 DDC 在楼宇供配电监控系统中进行实训，可参见天煌楼宇供配电 DDC 监控系统实训装置，如图 4-2-6 所示。

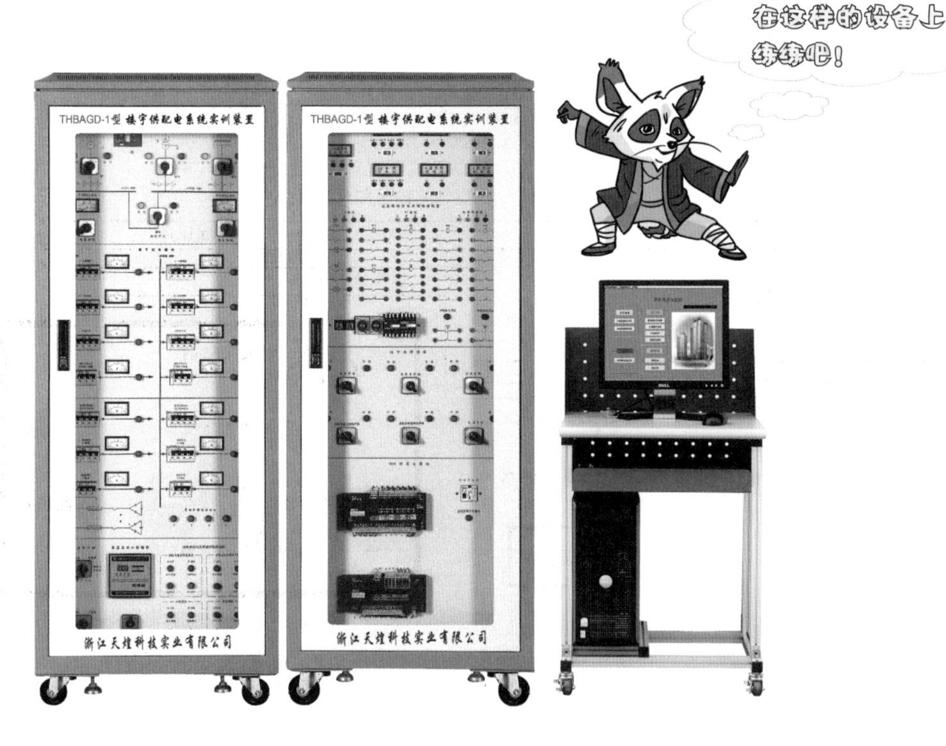

图 4-2-6　天煌楼宇供配电 DDC 监控系统实训装置图

任务三　智能空调监控系统的应用

智能空调监控系统是楼宇智能化系统的基本组成部分，是应用得最为普遍和最为可靠的系统之一，具有较高的投资回报率，在技术上已十分成熟。智能空调监控系统由工作站、网络控制器（或路由器）、现场控制器（DDC）、各类传感器及执行机构、控制层 / 管理层网络以及操作系统软件和应用软件等构成。系统常采用分布式智能控制系统，对冷源系统、空调通风系统进行自动监测或控制。

子任务一　智能空调监控系统的需求分析

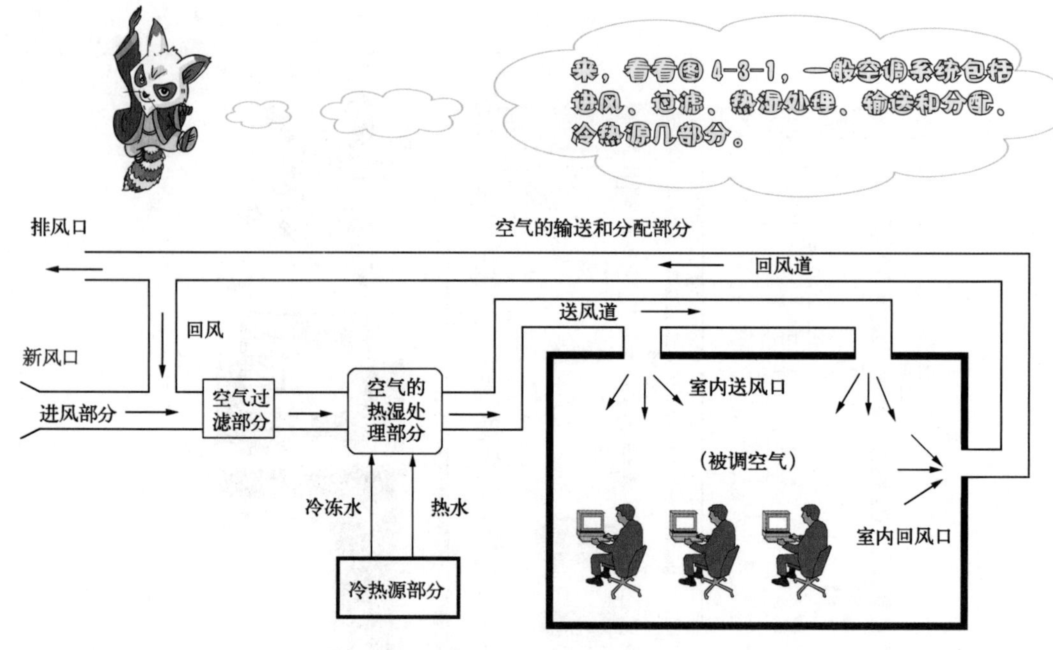

图 4-3-1　空调系统的组成

冷源系统实现对冷水机组、冷冻水泵、冷却水泵、冷却塔及电动阀的群组自动控制，包括监测设备的运行与故障状态，运行时间的累计、平衡和维修警告、机组的顺序启动控制、备用设备的自动投入、冷冻水及冷却水供回水温度、流量以及冷负荷的监测，根据实际冷负荷量大小，实现机组的台数控制。图 4-3-2 所示为直燃吸收式溴化锂冷热水机组实物图

空调通风系统包括组合式空调器、新风空调器、送 / 排风机、环境检测等。空调系统实物图如图 4-3-3 所示。

图 4-3-2　直燃吸收式溴化锂冷热水机组实物图

① 组合式空调器：根据季节、昼夜及节假日拟定多种时间及节能运行程序，控制机组的启停、并监测其运行与故障状态，自动统计机组工作时间，提示定时维修；通过控制风机变频器调节送风量，当风量降到一定程度时调节电动冷水阀开度，使回风温度保持在所要求的范围，并根据新风温度调整回风温度设定值，达到节能的目的；监测空调器过滤器阻塞状态，提示维修。

② 新风空调器：根据季节、昼夜及节假日拟定多种时间运行及节能运行程序，控制风机的启停，并监测其运行与故障状态，自动统计机组工作时间，提示定时维修；调节电动水阀开度，保持送风温度在所要求的范围；监测新风机过滤器阻塞状态，提示维修。

③ 送 / 排风机：按设定时间自动控制启停，监测其运行与故障状态。

④ 环境监控：监测停车场一氧化碳和二氧化碳浓度，过高时启动停车场送 / 排风机。

图 4-3-3　空调系统实物图

子任务二　智能空调监控系统的实现

新风机组 DDC 监控系统功能如下：

① 送风温度控制：根据设定值与测量值之差（PID）控制冷 / 热水阀的开度，保证送风温度为设定值。

② 送风湿度控制：自动控制加湿阀启停，保证送风湿度为设定值。

③ 定时启停控制：根据事先排定的工作及节假日作息时间表，定时启停机组，自动统计机组的工作时间，提示定时维修。

④ 压差开关：用来检测过滤网的清洁程度，过滤网过脏，过滤网两边的压差越大，达到某一数值后输出报警信号。

⑤ 防冻开关：防止盘管温度太低，起保护作用。当盘管温度过低时，发出报警信号，并且关闭风机和风阀，同时打开冷热水调节阀。

⑥ 风阀执行器与风机联锁：保证风机停机的同时电动风阀也关闭。

图 4-3-4 为一个新风机组 DDC 监控控制系统原理图。

以上所述功能可在天煌中央空调监控系统中进行训练，如图 4-3-5 所示。

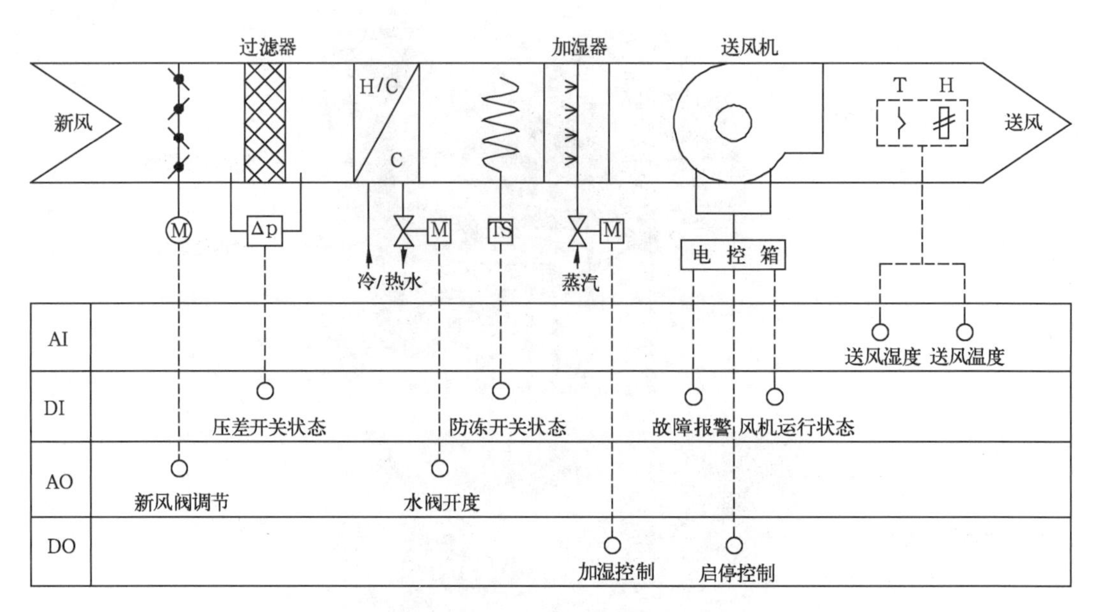

图 4-3-4　新风机组 DDC 监控系统原理图

图 4-3-5　天煌中央空调监控系统

任务四　物联网在智能楼宇中的应用

物联网被称为是继计算机、互联网之后世界信息产业的第三次浪潮，是实现物物相连的智能化的一种网络。与互联网相比，物联网对大多数人来说很陌生。它将给我们的生活带来哪些影响？它与智能建筑、节能降耗又有怎样的关系？

子任务一　物联网的认知

物联网就是“物物相连的互联网”，是将各种信息传感设备通过互联网把物品与物品结合起来而形成的一个巨大网络。

物联网通过 SIM 卡、传感器等，为物体装上了“大脑”和“嘴巴”，又通过无线网络，将它想说的“话”传到另一个物体的“耳朵”里，让这个物体做出相应的反应。

物联网概念的问世，打破了人们之前的思维方式。过去，人们一直是将物理基础设施和 IT 基础设施分开：一方面是机场、公路、建筑物，而另一方面是数据中心、个人计算机、宽带等。 而在物联网时代，钢筋混凝土、电缆将与芯片、宽带融合为统一的基础设施，实现人类社会与物理系统的整合。

物联网较为严格的定义为：通过装置在各类物体上的射频识别卡（RFID）、传感器、二维码等，经过接口与无线网络相连，给物体赋予智能，进行信息交换和通信，以实现智能化识别、定位、跟踪、监控和管理。其概念模型如图 4-4-1 所示。

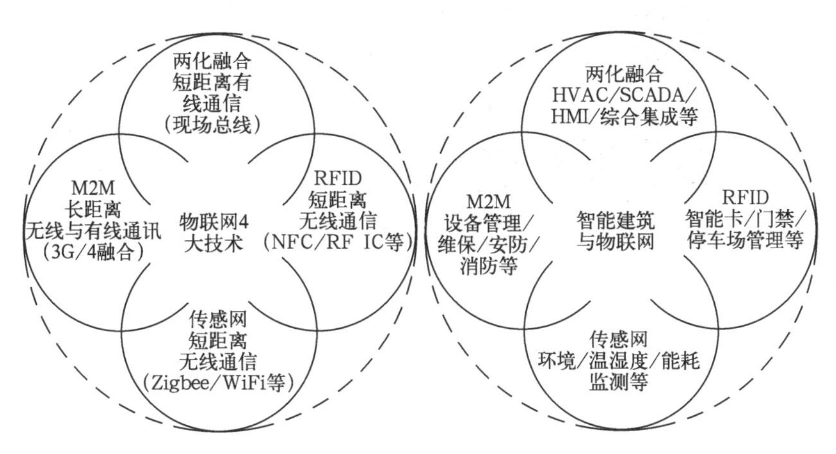

图 4-4-1　物联网概念模型图

物联网在国际上又称传感网，它借助于电子信息技术，将物体嵌入微型感应芯片，使其智能化，再结合无线网络技术，使人与物体、物体与物体之间实现“交流对话”。物联网的应用领域非常广泛，与人们的生活密切相关。主要应用领域包括电力、交通、数字城市、安全监控、智能家居、农业、金融、商业、工业生产、环保等，几乎涉及所有行业，将来数字城市和智能家居也有比较大的发展潜力，如图 4-4-2 所示。

图 4-4-2　物联网在生活中的应用

物联网用途广泛，可运用于城市公共安全、智能交通、建筑节能等多个领域。近年来，物联网在日本掀起了一场低碳节能风暴。为了实现节能减排的目标，2008 年 6 月，东京大学开始实施“绿色东京大学计划”，以东京大学工程院 2 号楼信息网络为样板试验平台，通过利用传感器等先进的元器件及互联网平台，将建筑内的空调、照明、电源、监控、安全设施等子系统连网，形成兼容性系统综合数据并进行智能分析，对电能控制和消耗进行动态、有效的配置和管理。

其实，物联网在 2008 年北京奥运会场馆已有应用。松下电器在北京奥林匹克公园的主要体育场馆内安装了 IPv6 照明控制系统，对奥运主场馆区域的 1.8 万盏照明灯进行有效控制和检测，直接降低了 10% 的电能消耗。物联网在智能用电系统中的应用如图 4-4-3 所示。

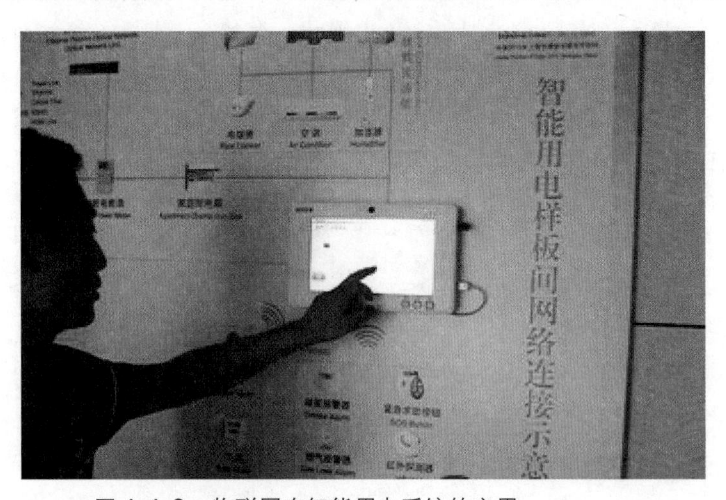

图 4-4-3 物联网在智能用电系统的应用

物联网应用于智能楼宇中，具有人员管理、能耗数据采集、室内环境舒适度自动控制、数据显示、统计、分析、安保预警及能耗设备控制等功能，从而可以实现建筑的节能降耗。

目前，一些研究机构正在做关于物联网应用于建筑节能降耗领域的实验。除了电源和插座，所有的照明都可以通过物联网进行精确地、局部地控制和感知照明。比如一个大会议厅，有些地方有人，有些地方没有人，没有人的地方灯就会自动关掉。这样整个大楼的照明可以实现无开关照明，所有的公用照明不设开关，全部根据是否有人来控制照明系统。在智能楼宇和建筑节能方面，物联网希望达到的效果是每一栋楼可以降低 30% 的能耗。

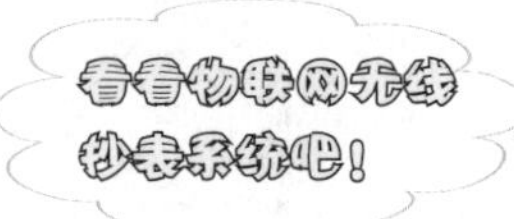

子任务二 物联网无线抄表系统的实现

在智能电网上，以远程智能电力终端为突破口，形成以物联网技术为核心的双向信息通信、远程监控、信息存储、负荷分配技术，实现智能电网中的远程读取、双向交互功能，并开展万户以上示范工程建设。如图 4-4-4 所示，物联网无线抄表系统分为三层：主站层、通信信道层、

采集设备层，主站与集中器间经公网后由 GPRS 无线接入，集中器与采集器间为无线自组网络，采集器与电能表间采用现场总线。

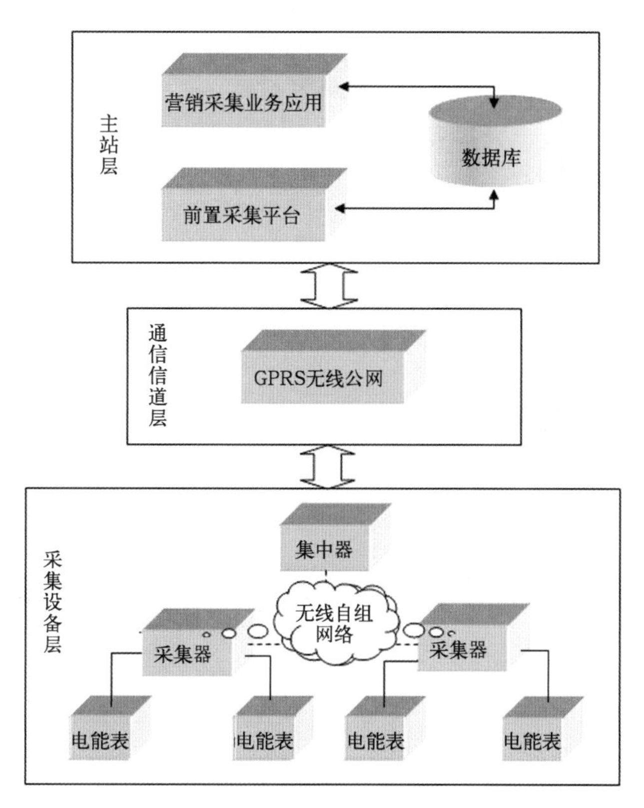

图 4-4-4　物联网无线抄表系统

系统通过安装于通信仓内的自组网无线物联网通信模块实现小区内集抄系统各结点（采集器）间与中心结点（集中器）间的无间隙通信，网内各设备之间自动组建物联网网络，建成的网络具有自修复功能，无需人工干预，如图 4-4-5 所示。

采集功能能分类存储下列数据：每个电能表至少 31 个日零点（次日零点）冻结电能数据，12 个月末零点（每月 1 日零点）冻结电能数据。支持多费率电能表，冻结数据包括:总、尖、峰、平、谷。

电力用户用电信息无线采集系统实现对所有用户用电信息的采集，用户面广大，用电环境各异，能够到达的远程信道不同，侧重安装的终端类型不同。虽然对象和信道各异，根据集约、统一、规范的原则以及营销业务功能实现的需要，建设统一的物联网用电信息采集平台是智能电网发展的必然趋势。

知识、技能归纳

项目展望重点对智能停车场管理系统、智能供配电系统、智能空调监控系统、物联网系统的设备运行规律和特性进行了阐述。这些系统设备种类很多，涉及多个学科和应用领域，要全面掌握所学需要有宽广的知识面基础。本篇提供了一些拓展，也可参考光盘项目展望中内容。

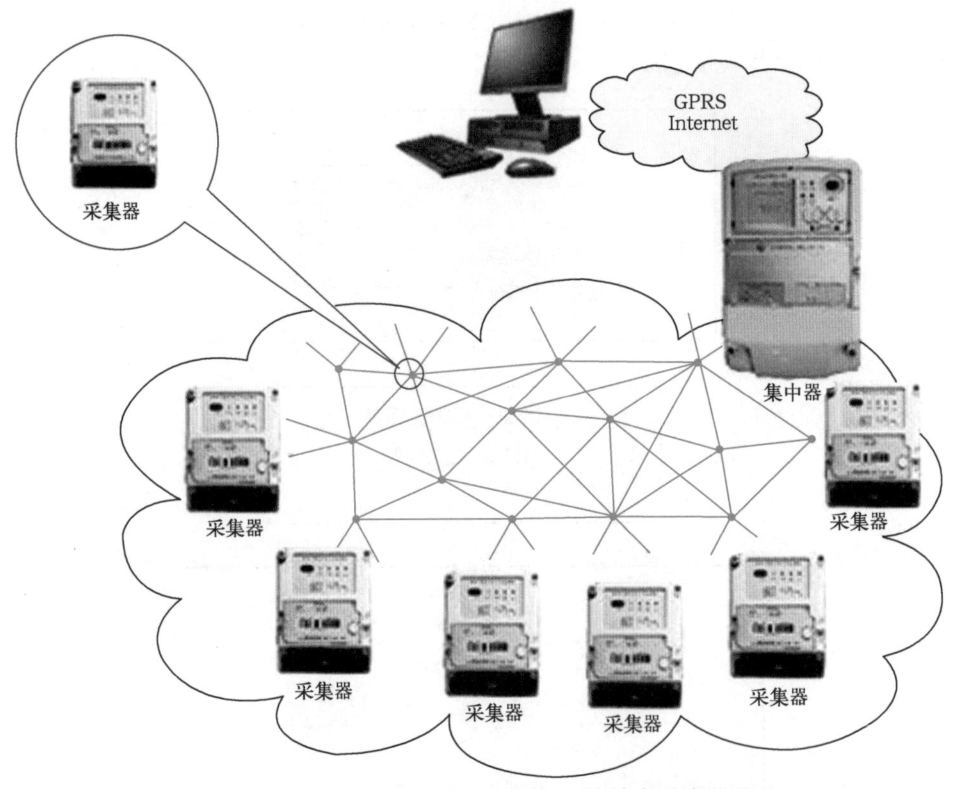

图 4-4-5 物联网无线抄表系统原理图

工程素质培养

到互联网上搜索一些其他智能楼宇系统技术的资料，关注物联网技术在智能楼宇的其它系统中的应用，谈谈对智能楼宇节能的认识和设想。